faire soi-même les

SOUDURES

Jean-Michel JORION

EDITIONS **S.A.E.P.** INGERSHEIM 68000 COLMAR

Guide du "faire soi-même" en main, vous voilà prêt pour l'aventure, car c'est une aventure moderne. La soudure est une technique mais aussi, par bien des côtés, un art du feu, et si mon propos vous a paru quelquefois un peu rigoureux, c'est que la technique, tout comme l'aventure, nécessite pour réussir de la rigueur.

Certes, vous ferez des économies, mais bien au-delà, vous connaîtrez la joie de construire et de réparer, en fait celle de créer ou de redonner vie. Je vous souhaite de découvrir la joie de souder qui est celle d'unir, et si cet ouvrage peut vous communiquer ma passion pour la soudure, à votre tour communiquez-la à d'autres.

INTRODUCTION A LA SOUDURE

La soudure est un moyen d'assemblage moderne et économique. Si l'on soude principalement les métaux, on soude également les matières plastiques et plus généralement tous les matériaux fusibles.

Les constructions soudées vous entourent, quotidiennement nous utilisons des objets soudés, nous citerons pêle-mêle : les automobiles, notre installation de chauffage, le mobilier métallique, le portail de notre demeure, les bicyclettes de nos enfants, le manche de la louche à potage...

Tout ceci a été réalisé, construit, grâce à la soudure, mais aussi doit quelquefois être réparé grâce encore à la soudure.

Les techniques de soudage ne cessent de se développer, les retombées technologiques permettent désormais à un profane en la matière d'envisager sérieusement l'acquisition d'un poste de soudure et d'essayer de "FAIRE SOI-MEME" un certain nombre de réalisations ou de réparations jusqu'ici réservées à l'homme de l'art.

Cet ouvrage n'est pas un cours de soudure appliqué mais un guide qui va permettre à l'autodidacte que vous êtes ou allez devenir, de faire ses premières armes en soudure en évitant les pièges, les erreurs coûteuses et les déboires qui découragent. Il est une clé, un gage de réussite, il est votre premier outil de soudage.

NOTIONS DE SOUDABILITE DES METAUX ET ALLIAGES

Un métal ou un alliage est dit soudable s'il est possible de l'assembler par fusion de manière à assurer une continuité de la matière entre les bords soudés.

EXEMPLE : coupe d'une soudure à l'ARC ELECTRIQUE.

AVANT:

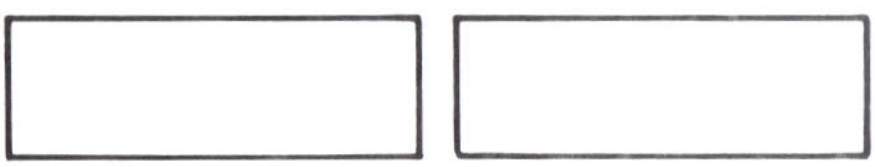

APRES:

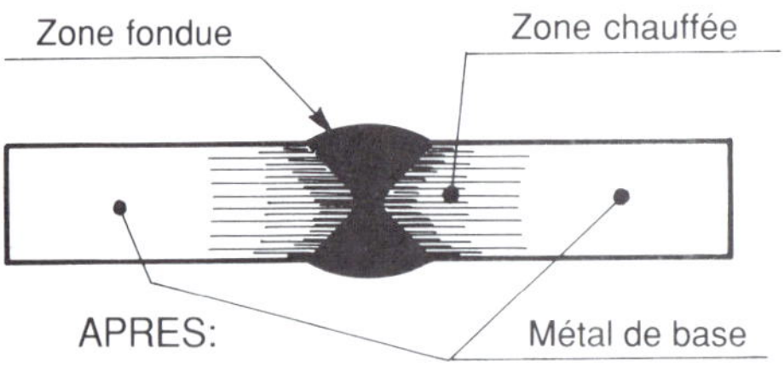

LA SOUDABILITE DEPEND :

1° De la température de fusion des pièces, car le soudage n'est pas possible si la source de chaleur utilisée, donc le moyen mis en œuvre, n'est pas supérieure à la température de fusion des pièces.

2° Du comportement des pièces, mais surtout du comportement de la zone fondue pendant le soudage. Ainsi les aciers dont la teneur en carbone dépasse 0,35% restent soudables, mais il est nécessaire de prendre des précautions.

3° Enfin, la soudure n'étant que le moyen d'assemblage, il est nécessaire que l'ouvrage terminé réponde aux caractéristiques demandées : résistance de l'ensemble, formes, esthétique, étanchéité, etc...

Il convient donc de choisir intelligemment les matériaux à assembler, de retenir le moyen de soudure le plus adapté et d'étudier sérieusement les formes de l'ouvrage, aussi simple soit-il, en plaçant judicieusement les soudures.

EXEMPLE :

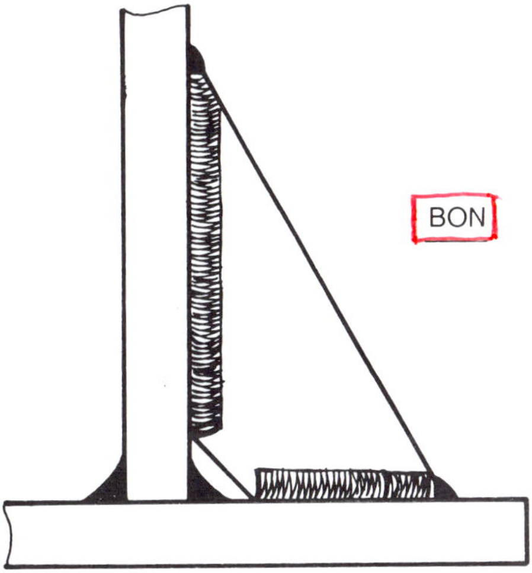

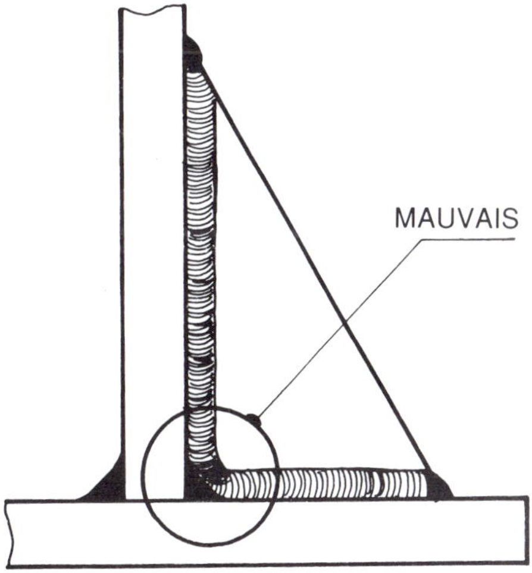

CHOIX D'UN MATERIAU SOUDABLE

Si, comme nous l'avons vu précédemment, tous les métaux sont en théorie soudables, il est raisonnable lors de l'étude de notre travail de choisir :

DES MATERIAUX SOUDABLES EN FONCTION DES MOYENS DONT ON DISPOSE.

Un catalogue de marchand de métaux peut être un auxiliaire précieux. Il vous indiquera avec précision la forme et les dimensions des sections en stock ou facilement disponibles, le poids au mètre et parfois même des notions de résistance de ces profilés.

Pour les réalisations soudées on aura toujours intérêt à utiliser des profilés pour construction, c'est une garantie de bonne soudabilité.

CLASSIFICATION SIMPLE DES PROFILES DE CONSTRUCTION

LES FERS MARCHANDS LAMINES A CHAUD

D'aspect brut, encore calaminés, aux angles arrondis.

Principales sections :

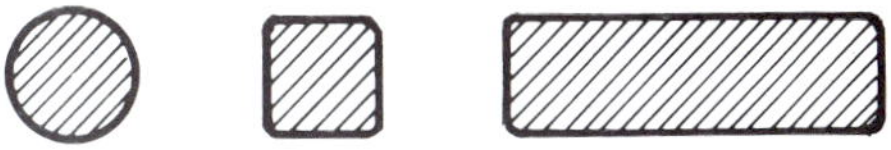

LES FERS MARCHANDS ETIRES A FROID

D'aspect plus fins, décapés, huilés, aux angles vifs.

Principales sections :

LES PROFILES LAMINES A CHAUD

Principales sections :

LES PROFILES A FROID

Elaborés à partir de tôles pliées (profilées), ils présentent l'avantage d'être légers et économiques.

Principales sections :

LES PROFILES TUBULAIRES

Légers, résistants, esthétiques, ils sont les rois en construction. Correctement mis en œuvre, ils permettent de belles réalisations.

Profilés à froid ou à chaud, leur gamme est très étendue tant en formes qu'en dimensions, citons les plus courants :

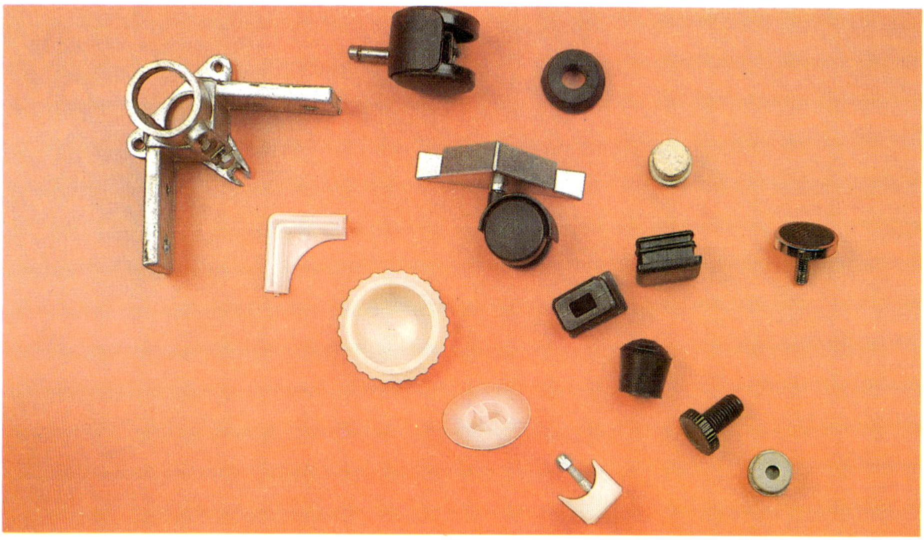

De plus on trouve sur le marché des auxiliaires de fabrication s'adaptant parfaitement à leurs dimensions tels que : embouts, patins, bouchons, colliers, équerres, coudes à souder, ou organes de quincaillerie.

CHOIX DU PROCEDE DE SOUDAGE

Pour un amateur éclairé, le choix du procédé de soudage ne se fera pas uniquement en fonction des moyens dont il dispose mais plutôt de façon plus globale et surtout méthodiquement.

Avant chaque réalisation ou lors de l'étude d'un ouvrage on se posera les questions suivantes :

1° Nature des matériaux à souder
- point de fusion
- comportement à l'état liquide.

2° Les pièces à souder sont-elles de nature identique ou différente ?

3° Epaisseurs des pièces : faibles, fortes, différentes.

Les moyens et techniques mis en œuvre doivent solutionner et répondre à ces questions.

Ainsi, est-il illusoire de vouloir souder à l'arc et à l'électrode sur une carrosserie auto, mais tout à fait envisageable de souder une installation de chauffage à l'aide d'un chalumeau branché directement sur une bouteille de Butane.

Ceci n'est qu'une question de technique à mettre en œuvre.

Je vous propose dans les paragraphes suivants d'aborder ces questions à l'aide d'exemples simples.

LE SOUDAGE AUTOGENE

Le soudage est dit AUTOGENE lorsqu'il y a ASSEMBLAGE PAR FUSION de deux métaux de même nature avec ou sans apport de métal mais de même nature.

EXEMPLE DE SOUDURE AUTOGENE

Pièces préparées pour la soudure :

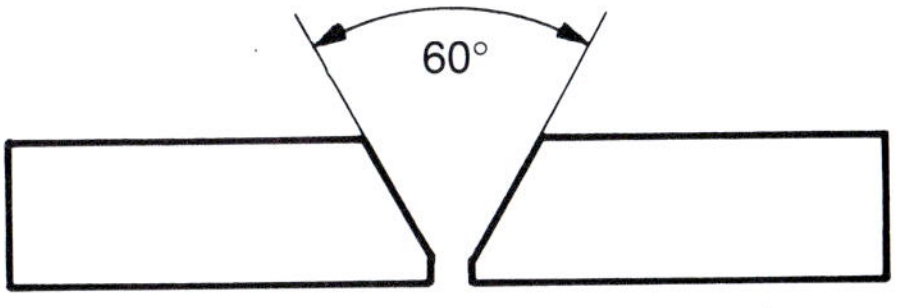

Pièces soudées :

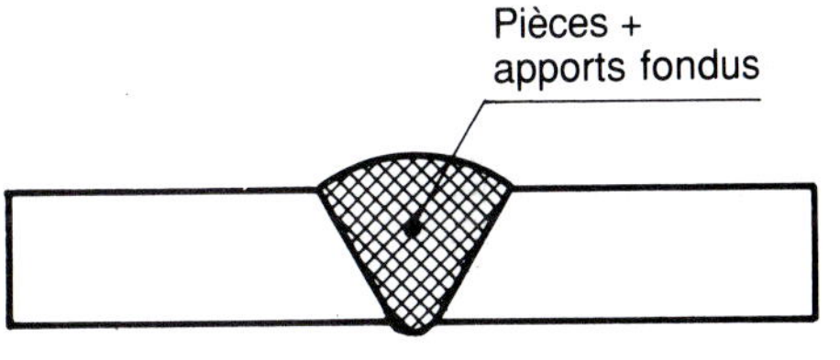

Le métal d'apport est dilué avec le métal de base, il est de même nature et participe à la constitution du joint.

Tout en étant suffisante, cette fusion sera la plus localisée possible, l'idéal est que la soudure assure la continuité des pièces.

Dans l'exemple ci-dessus, les moyens utilisés peuvent être :

- L'ARC ELECTRIQUE :
sa température est de 4 000°.

- LA FLAMME OA oxygène + acétylène :
sa température est de 3 200°.

QUELQUES TEMPERATURES DE FUSION :

- l'acier de construction	1 480°
- le cuivre	1 080°
- l'aluminum	650°
- le zinc	420°.

SOUDAGE AUTOGENE A L'ARC d'un pied de poteau.

SOUDAGE AUTOGENE A LA FLAMME d'une conduite en acier.

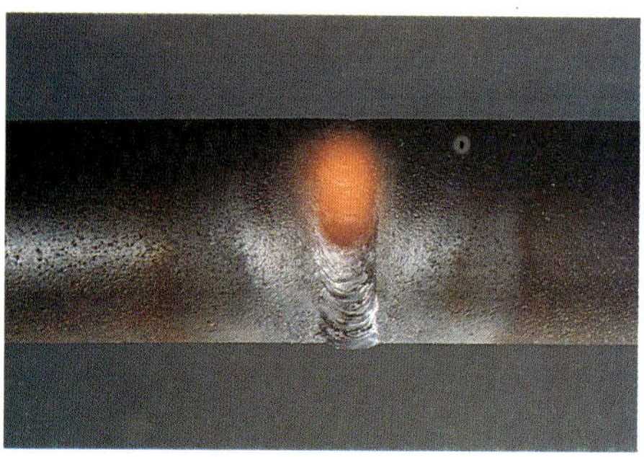

REMARQUE :

Les moyens de souder autogène sont nombreux, seuls l'ARC et la FLAMME seront abordés dans cet ouvrage.

LE SOUDAGE HETEROGENE

Le soudage est dit HETEROGENE lorsqu'il y a assemblage sans fusion des pièces, mais où seul le métal d'apport est fondu.

Si la réalisation de ce type de soudure est un peu plus délicate car elle demande une préparation minutieuse et des techniques d'exécution rigoureuses, elle donne d'excellents résultats même avec des moyens limités, telle une flamme "Air propane".

AINSI LA SOUDURE HETEROGENE PERMET :

DE SOUDER DES METAUX DIFFERENTS.

Exemple :

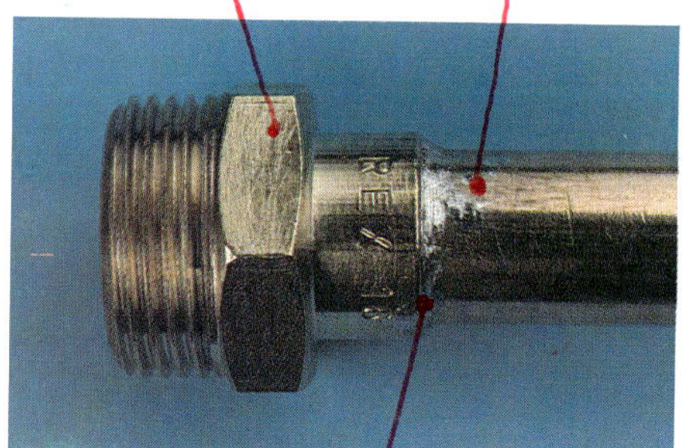

Soudage d'un embout fileté en laiton sur un tube de cuivre à l'aide d'un alliage d'étain et d'argent et d'une flamme Air propane.

- DE SOUDER DES TOLES MINCES.

Exemple :

Soudage de réparation sur carrosserie auto à la flamme OA (oxygène + acétylène) avec comme métal d'apport du laiton.

- Les pièces à souder sont chauffées sans être fondues.

- Seul le métal d'apport est porté à l'état liquide.

- Son point de fusion sera donc inférieur à celui des pièces.

- Il n'y a pas mélange mais accrochage du métal d'apport liquide sur les pièces encore solides.

AVANT SOUDURE

APRES SOUDURE

Le choix du métal d'apport est primordial et la méthode d'exécution rigoureuse.

Cette technique de soudure fera l'objet d'un chapitre.

LES MOYENS

Nous l'avons vu dans les paragraphes précédents SOUDER c'est d'abord et surtout élever localement la température des pièces à assembler.

IL FAUT DONC DES MOYENS POUR CHAUFFER.

Chauffer jusqu'à fusion des pièces dans le cas de la soudure autogène ce qui requiert des moyens puissants. Dans le cas le plus courant où la construction est en acier, la température à atteindre sera de 1 480°. Seuls dans ce cas conviendront :

■ L'ARC ELECTRIQUE dont la température voisine 4 000°.

■ LA FLAMME OA (acétylène + oxygène) dont la température est de 3 200°. Les autres flammes ne peuvent convenir vu le manque de puissance.

En soudage hétérogène (souvent appelé brasage), les températures à atteindre sont plus modestes car seul le métal d'apport est fondu et sert de liant à des pièces chauffées à même température.

A titre d'exemple, voici quelques températures de fusion d'alliages couramment utilisés et qu'il vous sera possible de mettre en œuvre.

TABLEAU DES ALLIAGES

Nature de l'alliage	Température de fusion	Domaine d'utilisation	Moyens à mettre en oeuvre
Plomb + Etain Pb 50% + Et 50% Pb 35% + Et 65% Pb 10% + Et 90%	210° 180° 220°	Travaux de zinguerie. Travaux sur tôle galvanisée Radio électricité Travaux sur matériel alimentaire	Fer à souder ou flammes
Etain + Argent	220° à 250°	Travaux de plomberie sur tube de cuivre ou laiton	Flammes : - Air butane - Air propane - O. A.
Cuivre + Zinc + Argent	de 600° à 800° selon %	Brasage d'acier inox Brasage tube cuivre (Attention : certains seulement sont alimentaires)	Flammes : - Air propane 650° maxi - O. A.
Cuivre + Zinc	850° à 1000°	Brasage et soudobrage des aciers et des fontes	Flamme O. A.

L'ARC ELECTRIQUE

Si deux conducteurs sous tension se touchent il y a court-circuit. Si nous séparons ces deux conducteurs, il se produit une étincelle, c'est un arc électrique.

Ce qui est néfaste et dangereux pour une installation électrique peut être contrôlé et maintenu grâce à un transformateur.

Le transformateur, c'est le poste à souder et l'arc ainsi obtenu (d'une température de 4 000°) utilisé comme source de chaleur pour la fusion des métaux, donc pour le soudage.

Les machines à souder sont diverses et répondent à une multitude de besoins industriels. Nous considérerons ici les transformateurs statiques à courant alternatif fournissant un courant de soudage alternatif, qui sont les plus répandus dans le grand public.

SCHEMA D'UN DISPOSITIF DE SOUDAGE.

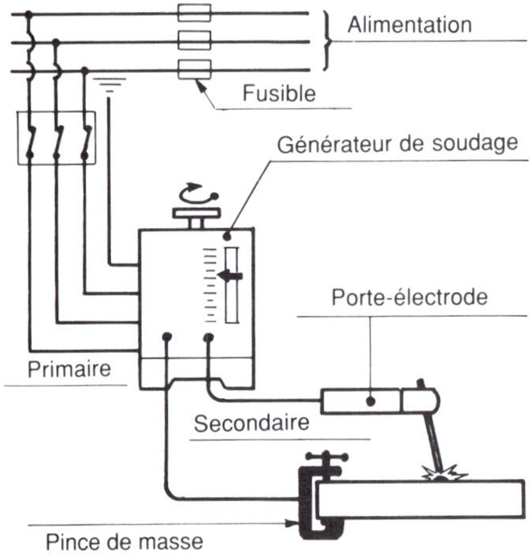

REMARQUE

Le poste à souder transformateur statique alternatif est un appareil simple, économique à l'achat comme à l'usage. Il est fiable et ne nécessite que peu d'entretien.

SCHEMA D'UN POSTE MONOPHASE.

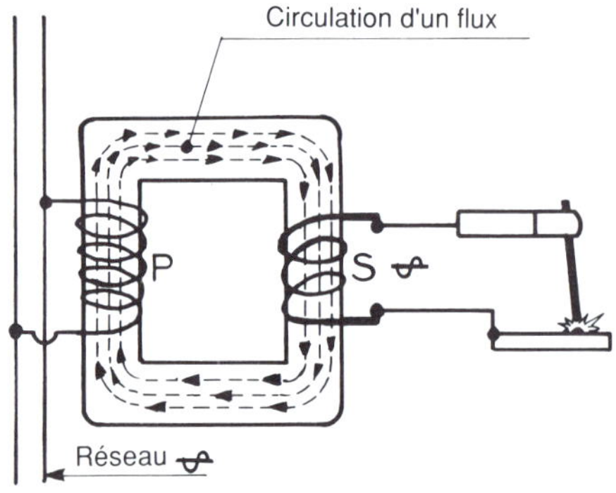

SCHEMA D'UN POSTE TRIPHASE.

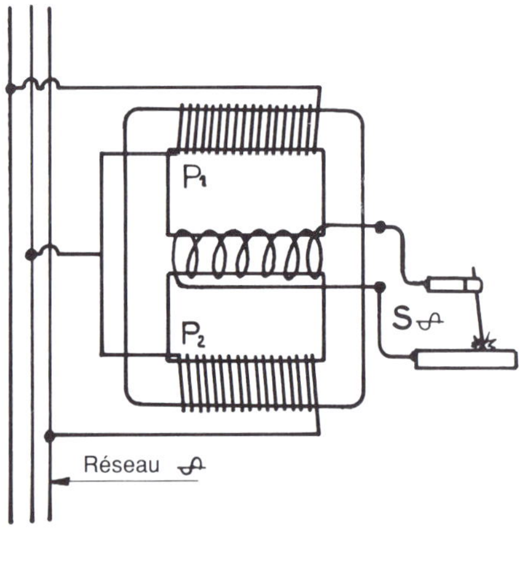

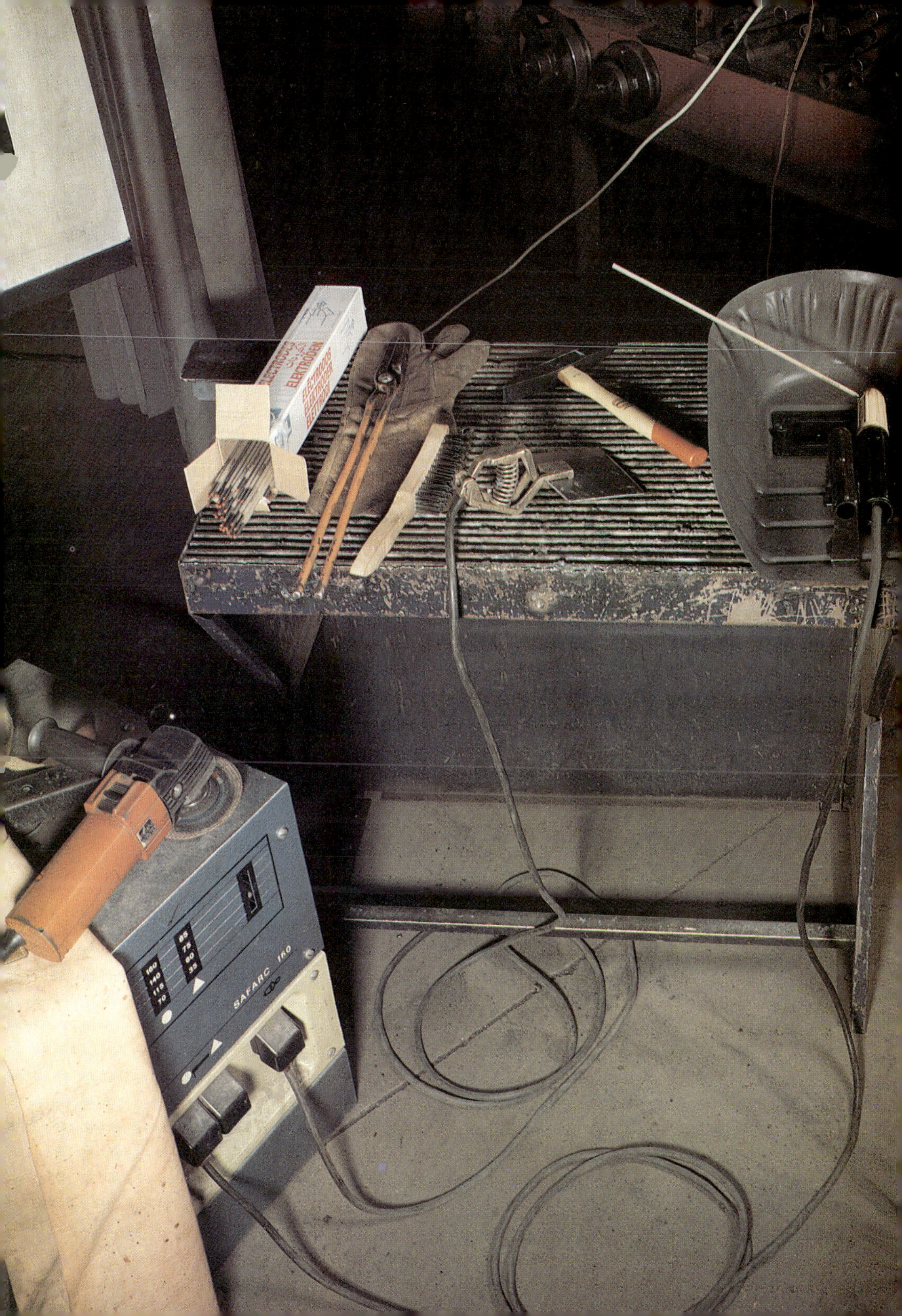
SAFARC

LES SYSTEMES DE REGLAGE

REGLAGE PAR PLOTS ET BARRETTES.

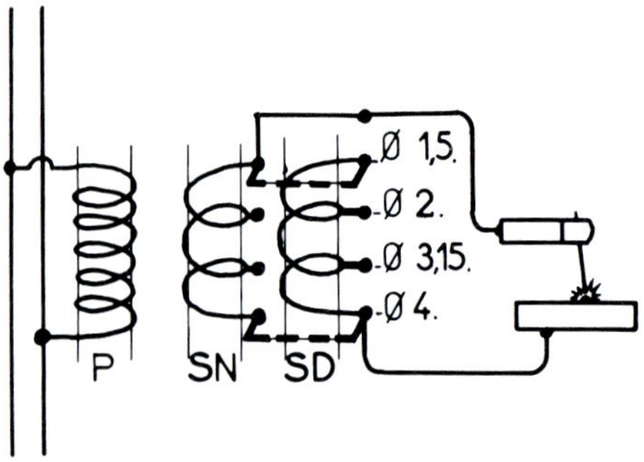

P : Bobinage primaire

SN : Bobinage secondaire normal

SD : Bobinage secondaire de dispersion

En reliant SN au plot Ø 1,5, le flux est fortement dévié, l'intensité de soudage est faible. A l'inverse, en plaçant la barrette sur Ø 4, le flux n'est plus dévié et l'intensité de soudage est forte.

REMARQUE

Les barrettes peuvent être remplacées aisément par un commutateur. C'est le cas sur de nombreux postes.

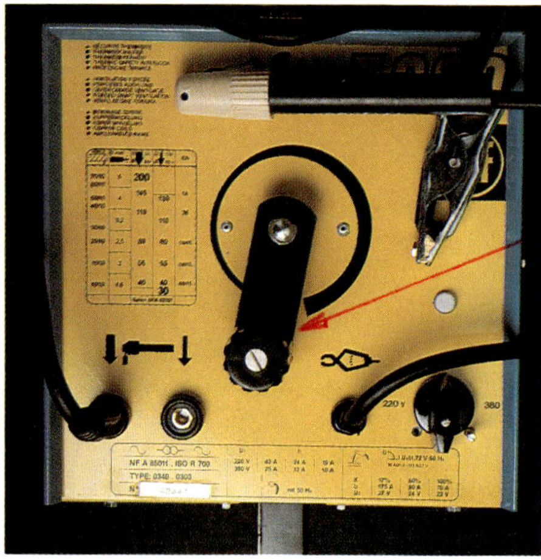

REGLAGE PAR SHUNT.

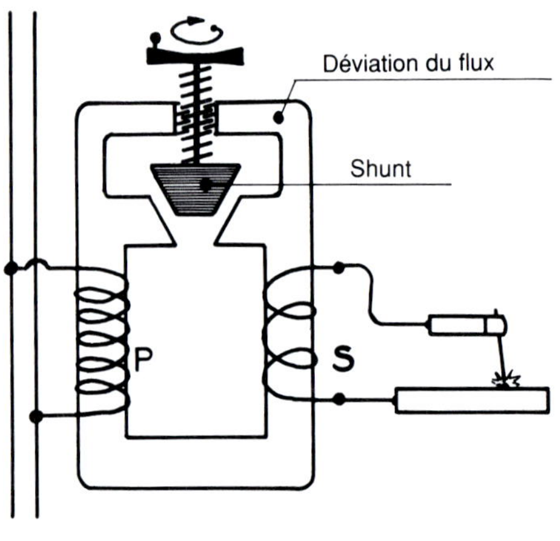

REMARQUE

Si le réglage par SHUNT est plus fin, les deux systèmes sont tout à fait valables.

←

Par action sur la manivelle, si l'on descend le shunt, le flux est peu dévié : l'intensité de soudage est forte. A l'inverse, si l'on remonte le shunt, le flux est plus fortement dévié, l'intensité de soudage diminue.

CHOIX D'UN POSTE

L'achat d'un poste est une décision importante. Le bon choix sera un facteur déterminant de votre réussite pour les raisons exposées au paragraphe précédent : économie à l'achat et à l'usage, fiabilité, faible entretien. Notre choix se portera sur les machines à souder :

TRANSFORMATEURS STATIQUES à courant ALTERNATIF.

La qualité d'un poste dépend de trois facteurs principaux :

LES INTENSITES SECONDAIRES (IS)

Ce sont les courants de soudage, ils sont exprimés en ampères (A). Ce sont ces intensités qu'il faut régler en fonction de l'électrode utilisée.

Exemple :

Electrode de Ø 2,5 mm =	75 A
Electrode de Ø 3,15 mm =	110 A

LE FACTEUR MARCHE

Autrement dit, le taux d'utilisation, c'est-à-dire exprimé en %, le temps réel de soudage par rapport au temps total où le poste est sous tension.

OBSERVATION

Si un poste débite une intensité de soudage maximum de 160 A avec un facteur de marche de 50%, il sera nécessaire après fusion de chaque électrode (temps de soudage environ de 3 minutes) de laisser reposer le poste 3 minutes sous peine d'endommager les bobinages par surchauffe.

REMARQUE

Le pourcentage maximum rencontré est de 60%. En effet des temps de manipulation sont nécessaires, changement d'électrode, changement de pièces, etc...

Temps de repos pour le poste : $\frac{3' \times 0{,}40}{0{,}60} = 2mn$

ATTENTION

Il est nécessaire de respecter ce facteur de marche. Plus il est faible, plus les temps d'arrêt entre chaque électrode seront longs. On profitera de ces temps morts pour organiser son travail. Par exemple, préparer les soudures ou meuler au fur et à mesure celles déjà exécutées.

TENSION A VIDE (Uo) ET PUISSANCE REELLE

Tension prise à la sortie du courant secondaire ou courant de soudage.

Exprimée en volts (V), elle doit être au minimum de 45 V et même de 60 V à 80 V pour certaines électrodes (voir "Choix d'une électrode").

De plus elle détermine la Puissance réelle du poste. En effet un petit calcul permet de comparer deux postes apparemment identiques.

Puissance apparente (IS) x tension à vide (Uo) = Puissance réelle.

Exemples :

1er POSTE :
Puissance d'arc maxi = 160 A
Tension à vide 45 V
160 x 45 = 7 200 VA

2ème POSTE :
Puissance d'arc maxi = 160 A
mais tension à vide 60 V
160 x 60 = 9600 VA

On voit alors que malgré une puissance d'arc identique, ces deux postes ne le sont pas. Dans le deuxième cas, l'amorçage sera plus facile, la gamme des électrodes utilisables plus étendue et le poste plus robuste. Il vous fera un meilleur usage, mais bien sûr le prix d'achat sera généralement à l'avenant.

EN CONCLUSION :

Lors de l'achat d'un poste, on tiendra compte de l'INTENSITE DE SOUDAGE, du FACTEUR DE MARCHE, et de la TENSION A VIDE, mais aussi des possibilités d'alimentation de ce poste.

Tous ces renseignements figurent sur la PLAQUE SIGNALETIQUE apposée sur le poste par chaque constructeur.

ETUDE D'UNE PLAQUE SIGNALETIQUE

Sous des formes quelquefois différentes, tous les postes de soudure sont munis de la plaque ci-contre :

Le constructeur indique ici clairement la tension à vide : 50 Volts. Il précise également que le poste est équipé d'une protection thermique qui évite toute surchauffe de l'appareil.

ALIMENTATION DU POSTE

Avant l'acquisition du poste, on se renseignera avec précision sur les possibilités, c'est-à-dire la nature du courant dont on dipose ou dont on peut disposer moyennant un changement de tarification.

TENSION DU RESEAU
Ex. : 220 Volts 380 Volts

INTENSITE DISTRIBUEE
Ex. : 15 Ampères

REMARQUE

Ces renseignements figurent sur le compteur ou sur votre facture. Ils vous seront fournis avec explications par votre agence locale EDF.

On comparera alors ces renseignements avec ceux de la plaque signalétique du poste et tout particulièrement les valeurs des cases qui indiquent la puissance absorbée à l'amorçage.

ATTENTION

C'est au moment de l'amorçage que le poste, et par conséquent l'alimentation, sont les plus solllicités. Il convient que la puissance au compteur soit au moins égale à la puissance absorbée lors de l'amorçage, poste réglé au maximum.

RACCORDEMENT AU RESEAU

Comme tout appareil électrique, le raccordement au réseau doit être exécuté dans les normes.

A la lecture du fascicule d'utilisation fourni avec le poste, on comparera les sections de fil préconisées par le constructeur avec les sections des fils disponibles sur notre installation. Si celles-ci s'avéraient insuffisantes, il conviendrait de tirer une ligne spéciale (voir, dans la même collection "Faire soi-même - L'ELECTRICITE" p. 24 et suite).

Par ailleurs, on installera si nécessaire une prise normalisée et la ligne sera protégée par des fusibles du calibre correspondant au poste.

ATTENTION

Des sections insuffisantes provoquent un échauffement des conducteurs avec perte de rendement et surtout risque d'incendie.

SECURITE

Toujours prévoir une prise avec fil de terre (vert-jaune).

REGLES D'EXECUTION

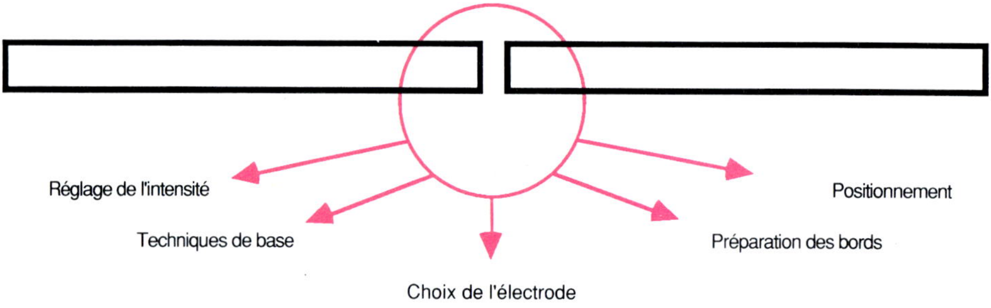

REGLAGE DE L'INTENSITE

L'intensité à régler est principalement fonction de l'électrode utilisée mais dépend également de l'épaisseur des pièces, de l'écartement des bords et de la position de soudage.

> *REMARQUE*
>
> *Chaque paquet d'électrodes comporte une notice d'utilisation où chaque fabricant indique l'intensité moyenne à régler et l'intensité maxi à ne pas dépasser sous peine d'endommager l'électrode par effet joule.*

C'est dans cette plage d'utilisation qu'il faudra trouver un bon réglage de l'intensité.

IDENTIFICATION D'UN MAUVAIS REGLAGE

Avec un peu d'expérience, il est relativement aisé de déceler un mauvais réglage de l'intensité de soudage par l'observation du cordon.

Nous voyons dans les exemples ci-après que l'observation méthodique de quelques essais vous permettra rapidement d'affiner votre réglage, c'est cela l'expérience.

Car bien sûr, le rendement de votre poste, la qualité de l'alimentation, sont aussi des facteurs influents.

Pour une vitesse d'avance normale la variation de l'intensité de soudage (IS) provoque les phénomènes suivants :	
IS : normale 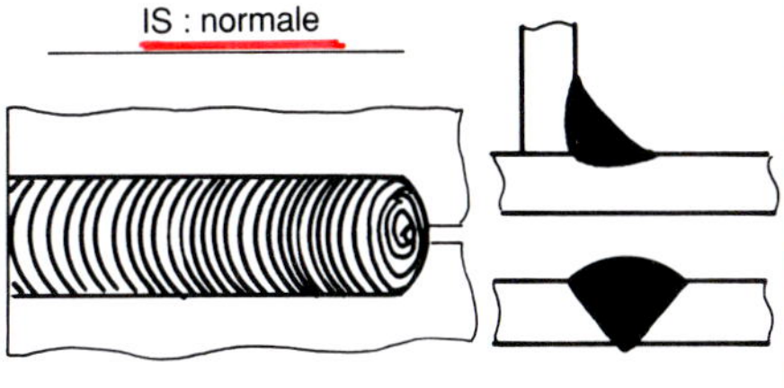	- La forme du dépôt est harmonieuse. - L'aspect est propre, les fumées bleutées. - La fusion est normale. - La pénétration est bonne. - Le cratère est sain.
IS : faible 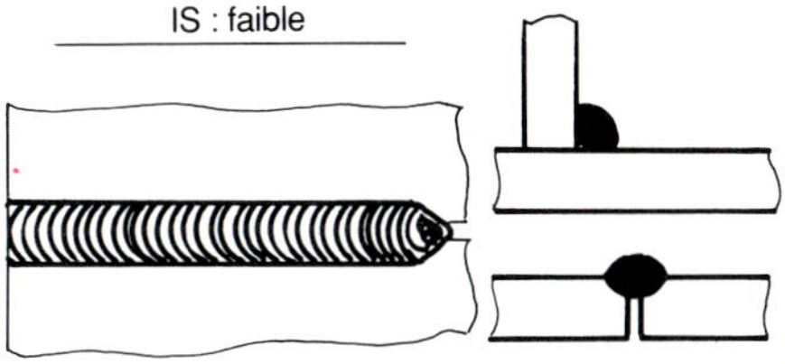	- La forme du dépôt est étroite et bombée. - L'aspect est propre et régulier. - La fusion est "molle". - La pénétration est faible. - Le cratère est sain mais allongé.
IS : forte 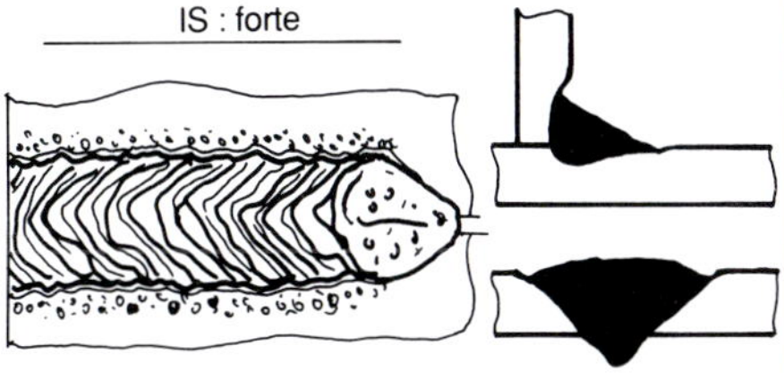	- La forme du dépôt est large, plate et déformée. - L'aspect est sale, irrégulier avec des projections et des caniveaux. - La fusion est trop forte. - La pénétration est trop forte et inutile. - Le cratère profond avec risque de soufflures et de criques.

NOTIONS DE HAUTEUR D'ARC

La hauteur d'arc est un facteur déterminant de réussite de la soudure, elle est à contrôler en permanence.

On peut chiffrer sa valeur entre 2 et 4 mm, mais c'est l'observation de la lueur de l'arc et sa stabilité qui permettent la meilleure appréciation.

ARC MOYEN (maxi 4 mm entre les zones liquides).

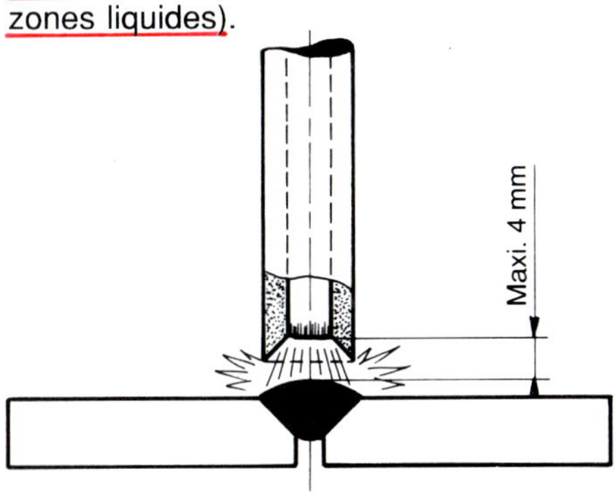

L'arc est stable, son bruit est un crépitement.

On voit une lueur sans vraiment distinguer l'arc.

ARC LONG

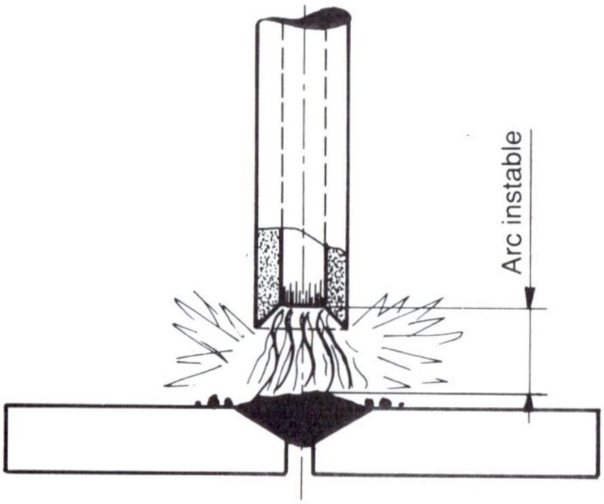

L'arc est instable, son bruit est sourd, on distingue l'arc, il est turbulent.

Arc trop long, mauvais pour le soudage.

ARC COURT (environ 2 mm)

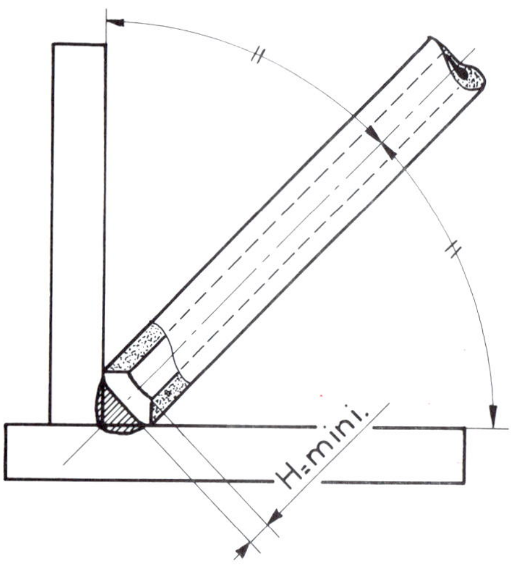

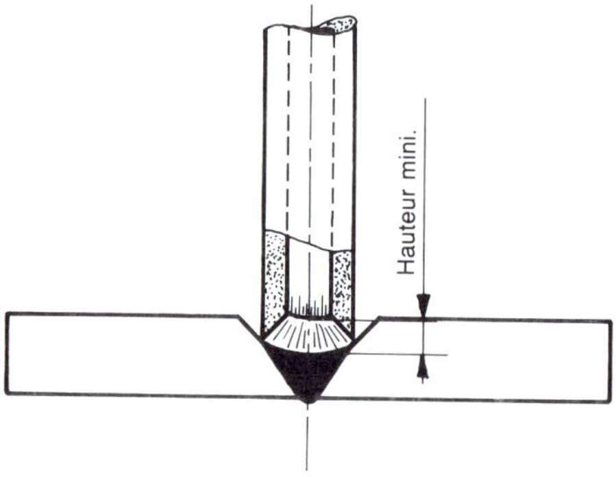

L'électrode est au contact de la pièce. L'arc est minimum, c'est la profondeur du cratère qui détermine la hauteur d'arc, technique principalement utilisée en soudure d'angle intérieur.

L'AMORCAGE

Etude de l'extrémité active de l'électrode.

Trois situations sont possibles :

1° L'ELECTRODE EST NEUVE

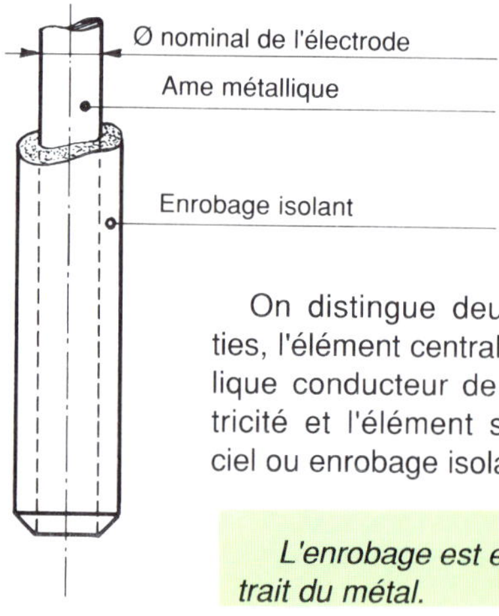

On distingue deux parties, l'élément central métallique conducteur de l'électricité et l'élément superficiel ou enrobage isolant.

L'enrobage est en retrait du métal.

2° L'ELECTRODE EST USAGEE

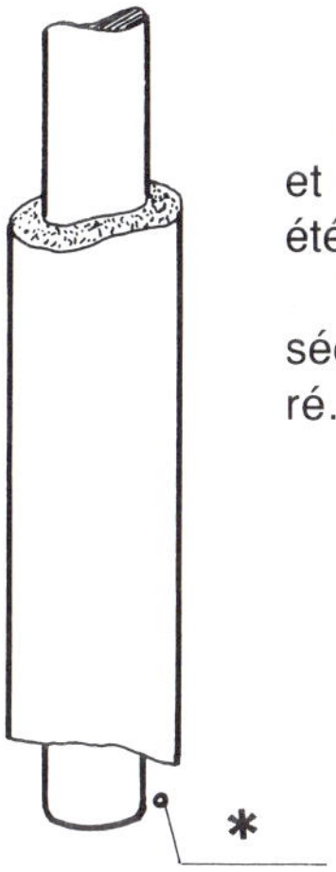

Electrode à demi-utilisée et dont l'extrémité active a été heurtée.

*A l'extrémité déjà utilisée, l'enrobage est détérioré.

L'enrobage est en retrait du métal.

REMARQUE

Pour souder, il est nécessaire de créer ce cratère donc d'amorcer l'électrode.

EN CONCLUSION :

AMORCER c'est :

Frotter l'électrode pour :
CREER L'ARC

Maintenir l'arc pour :
FORMER LE CRATERE ET ECHAUFFER L'EXTREMITE ACTIVE DE L'ELECTRODE

L'électrode est prête à l'emploi.

Ne pas amorcer par coups mais par frottements légers.

3° L'ELECTRODE EST AMORCEE

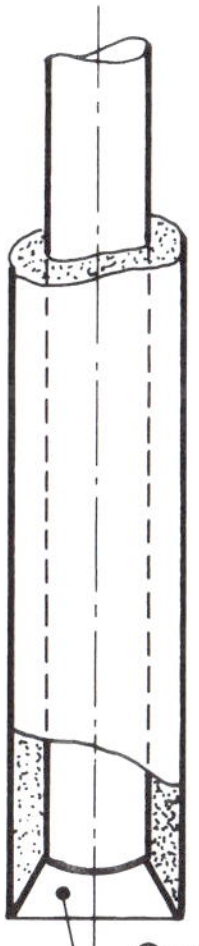

Cette situation est celle de l'électrode en cours de soudage, il y a naissance d'un cratère.

C'est le métal qui est en retrait.

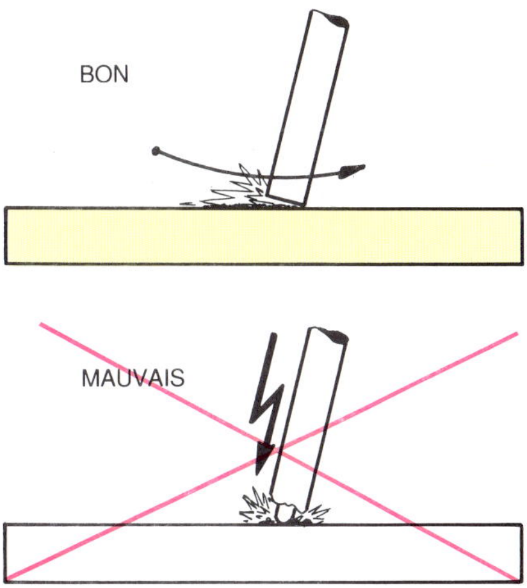

ATTENTION

L'opération d'amorçage s'effectue sur une pièce martyre et non pas sur les pièces à souder, encore moins sur la pince de masse.

Amorçage sur une pièce martyre.

TENUE DE L'ELECTRODE

REGLE 1

La première règle est de bien répartir la chaleur de l'arc sur les pièces à souder, il faut donc placer l'électrode sur la bissectrice de l'angle que forment les pièces à assembler.

Exemples :

BON.

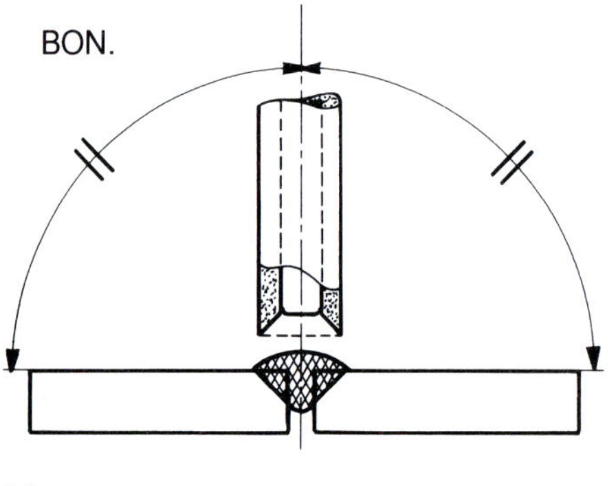

MAUVAIS.

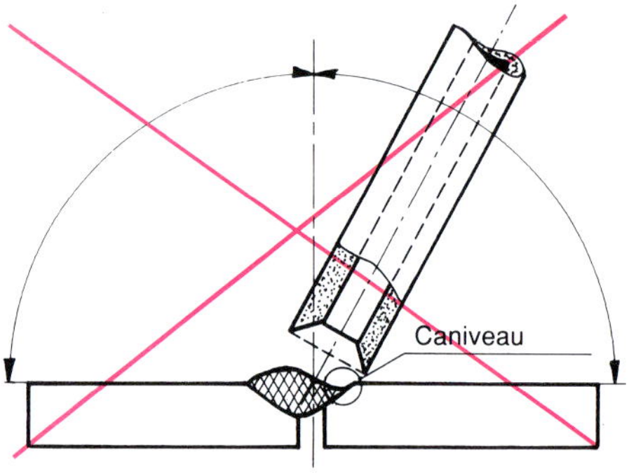

BON.

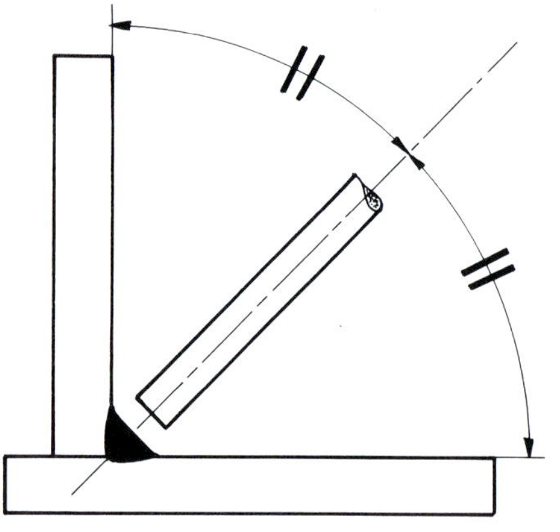

MAUVAIS.

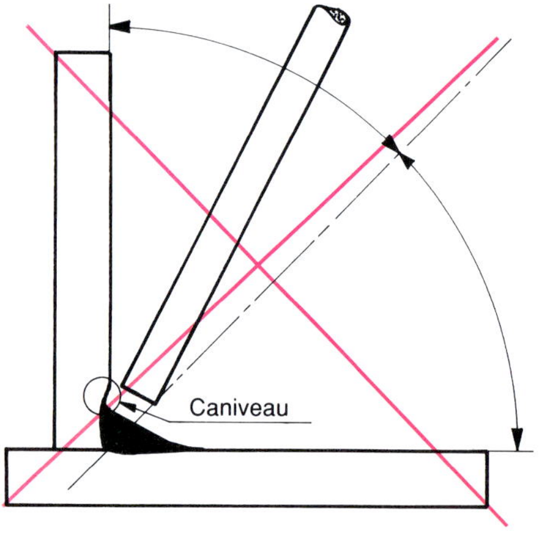

CAS PARTICULIER

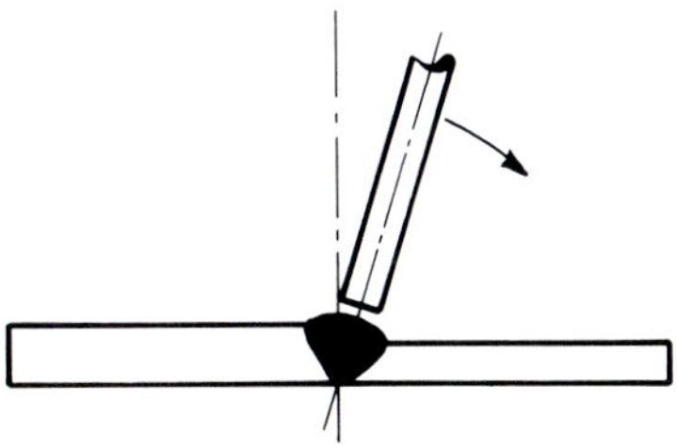

Si les pièces sont différentes, l'électrode sera orientée de façon à faciliter la fusion de la plus forte épaisseur.

REGLE 2

Il faut incliner l'électrode de 60° à 80° par rapport au sens d'avance.

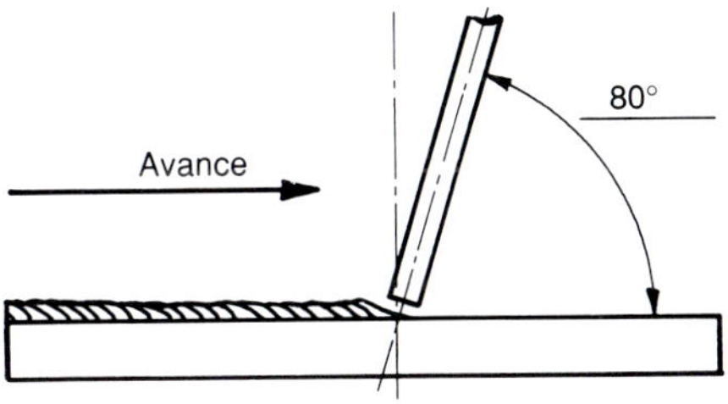

Cette inclinaison facilite l'avance et permet de maintenir le laitier (enrobage fondu) en arrière sur le métal déposé.

> *REMARQUE*
>
> *En aucun cas le soudeur ne se laissera dépasser par le laitier et remédiera en modifiant l'inclinaison de l'électrode.*

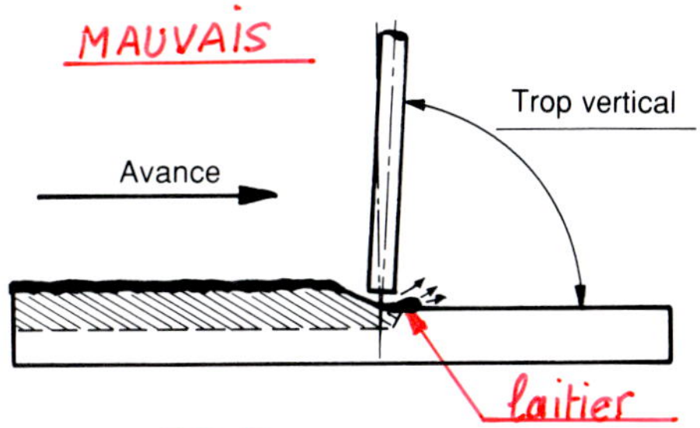

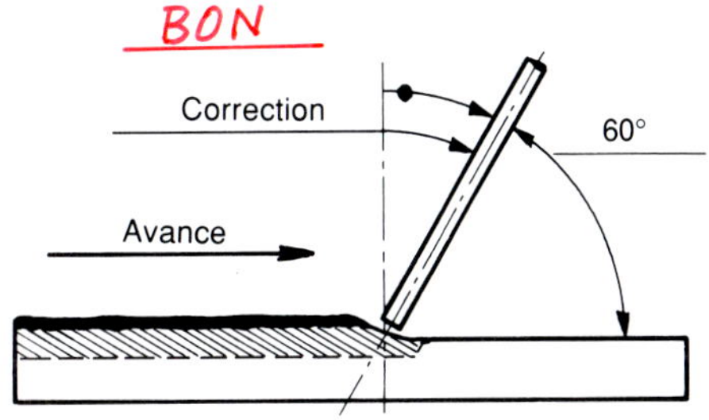

D'autre part, l'inclinaison de l'électrode influence la pénétration et la forme du cordon.

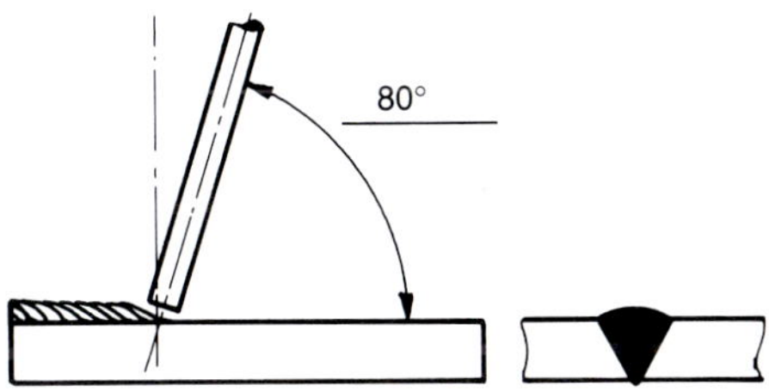

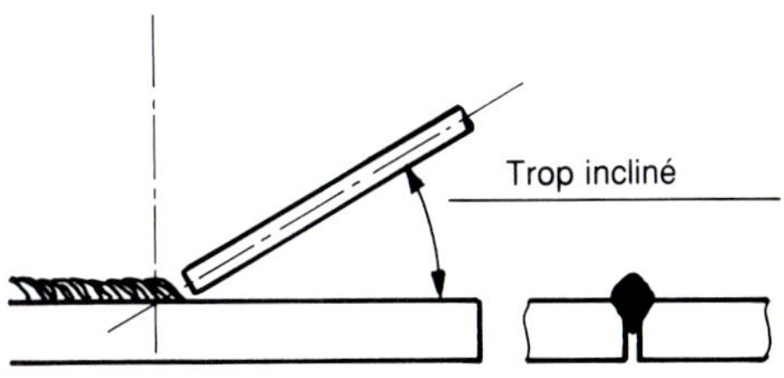

La notion d'inclinaison est très sensitive, c'est au soudeur, avec l'expérience, de sentir son inclinaison en sachant que plus elle est importante et moins il y a de pénétration.

Nous verrons dans l'étude de la soudure en angle intérieur qu'elle peut atteindre 45° à 50°, mais jamais moins.

SENS DE DEPLACEMENT DE L'ELECTRODE

Nous avons vu dans le paragraphe précédent que l'électrode est inclinée par rapport au sens d'avance.

Ces deux notions sont intimement liées.

LE CORDON DE SOUDURE EST TIRE.

REMARQUE

Si l'électrode est poussée, le laitier devance la soudure et coule dans le joint de soudure avec de gros risques d'inclusion.

VITESSE DE DEPLACEMENT DE L'ELECTRODE

Cette notion est très importante et conditionne en grande partie la qualité et le fini du cordon de soudure ; en effet la vitesse d'avance influence la forme et la largeur du cordon mais aussi sa pénétration, de plus la régularité de l'avance conditionne la régularité du dépôt.

Pour une intensité normale, la variation de la vitesse d'avance (V A) provoque les phénomènes suivants :	
VA : normale 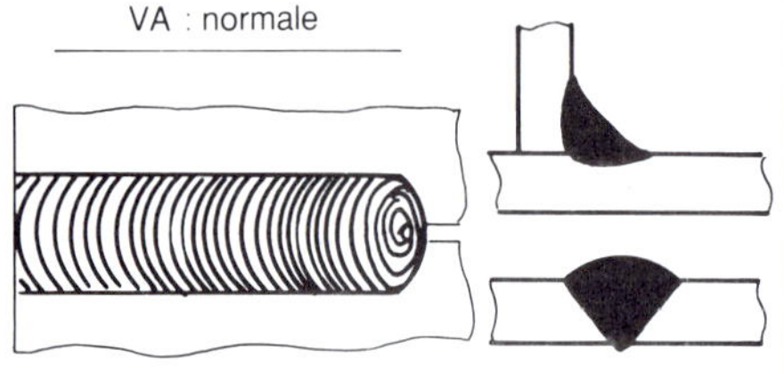	- La forme du dépôt est harmonieuse et d'une largeur de 2 électrodes. - La pénétration est bonne. - Le cratère est sain.
VA : trop rapide 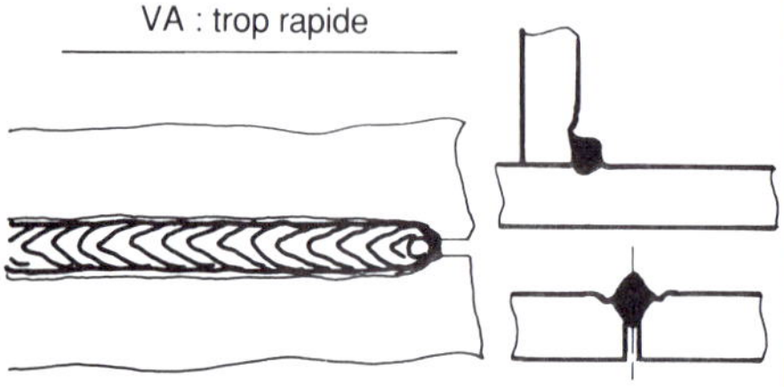	- La forme du dépôt est étroite et pointue. - L'aspect est irrégulier avec des caniveaux. - La pénétration est faible. - Le cratère est allongé.
VA : trop lente 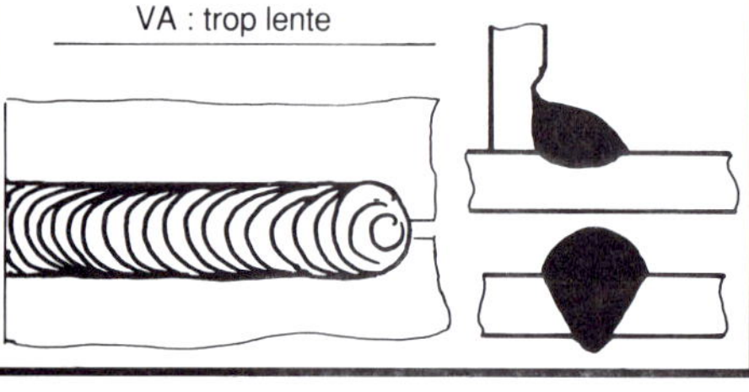	- La forme du dépôt est très bombée. - La pénétration est très forte avec des risques d'effondrement. - Le cratère est profond.

RESUME

Le soudeur adoptera une avance régulière et contrôlera sa vitesse en observant la forme et la largeur du cordon déposé.

MODE D'AVANCE

Il est possible d'adopter deux types d'avance :

AVANCE LINEAIRE

Avance continue, linéaire, on tire la soudure comme l'on tire un trait. Cette méthode engendre un cordon d'une largeur étroite ou moyenne selon la vitesse adoptée.

Exemples :

AVANCE RAPIDE = même largeur que l'électrode.

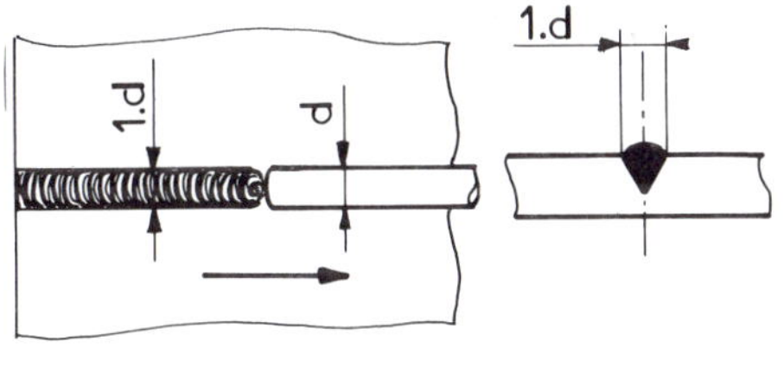

AVANCE PLUS LENTE = largeur 2 électrodes.

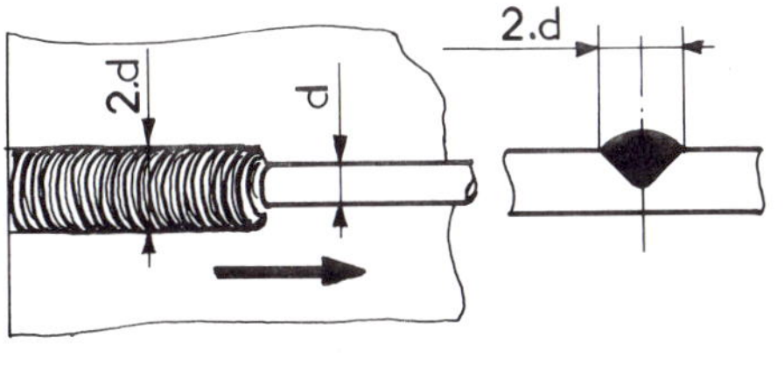

AVANCE BALANCEE

L'électrode est balancée en arc de cercle de part et d'autre du joint de soudure avec temps d'arrêt sur les bords pour en assurer la fusion.

Cette méthode fournit des cordons larges et plats très esthétiques.

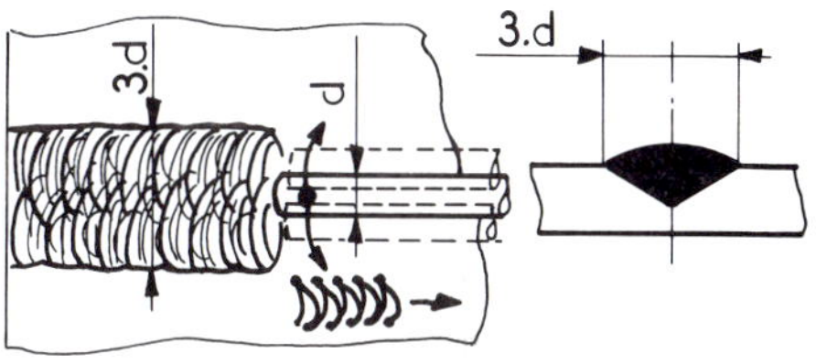

SOUDURE BORD A BORD A PLAT

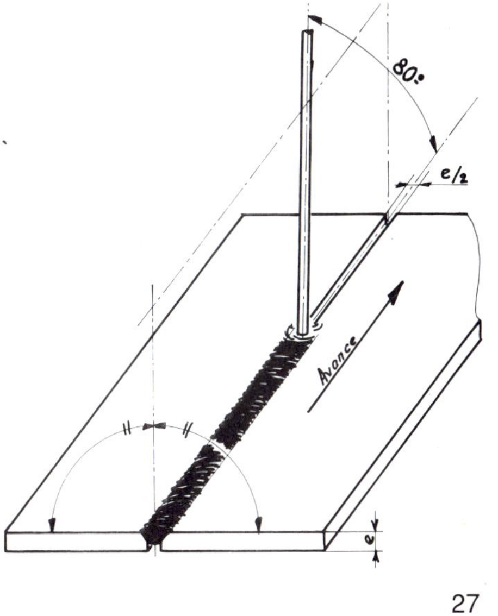

RESUME

Adopter un mouvement d'avance et régler la vitesse en observant la forme et la largeur du cordon.

Orienter l'électrode sur la bissectrice de l'angle que forment les pièces à souder.

Incliner l'électrode à 60°/80° par rapport à la ligne de soudure.

Adopter une hauteur moyenne, arc stable et qui crépite.

CHOIX DE L'ELECTRODE

Comme il s'agit d'une soudure AUTOGENE, le métal d'apport est de même nature que les pièces à souder.

REGLE

L'électrode doit être de même nature (ou de nature améliorante) que les pièces à souder.

Si l'on tente de souder avec une électrode de diamètre 3,15 et une intensité de soudage normale de 110 A sur une tôle d'épaisseur 2 mm, il y a effondrement de la soudure ; l'arc perce la tôle.

L'électrode, et par conséquent l'intensité, ne conviennent pas.

Si on renouvelle l'expérience avec une électrode de diamètre 2 mm et une intensité de soudage normale de 55 A, on constate que la soudure devient possible et que la pénétration est d'environ 2 mm.

De ces deux expériences facilement réalisables, on tire la règle suivante :

REGLE

Le diamètre de l'électrode doit être inférieur, au plus égal, à l'épaisseur des pièces à souder.

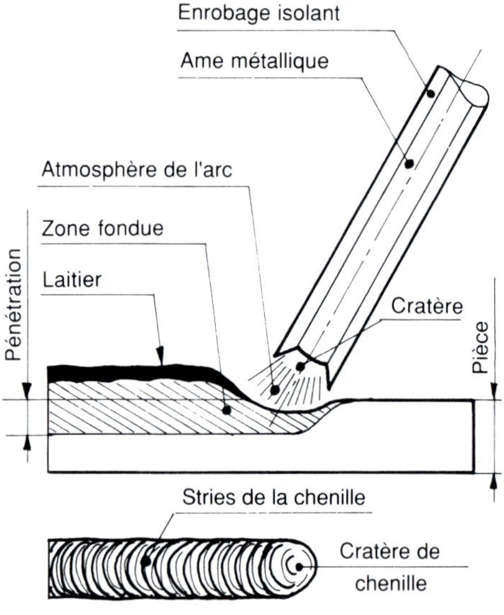

On classe également les électrodes en fonction de la nature de l'enrobage.

Exemples :
électrode "Rutile"
électrode "Basique"
électrode "Cellulosique".

On choisira une électrode "Rutile" ou "Rutilobasique" car c'est elle qui présente la plus grande souplesse d'emploi en toutes positions, qui ne réclame qu'une faible tension à vide (45 V) ; de plus avec un enrobage semi-épais elle permet la soudure automatique - manuelle.

REMARQUE

L'extrémité dénudée des électrodes comporte un repère de couleur. Il s'agit d'un marquage correspondant à la nuance d'acier dont est faite l'âme de cette électrode.

RESUME

Mesurer l'épaisseur des pièces à souder.

Choisir un diamètre d'électrode inférieur ou égal à cette épaisseur.

Régler l'intensité en fonction du diamètre de l'électrode en consultant la notice d'emploi sur le paquet.

Affiner ce réglage en fonction de la masse des pièces, de l'écartement des bords et de la méthode de soudure utilisée.

SOUDURE EN ANGLE INTERIEUR AUTOMATIQUE MANUELLE

Nous abordons ici un type de soudure un peu plus délicat à réaliser mais d'un très bon rendement à condition d'observer méthodiquement ses règles d'exécution.

Cette soudure est ainsi appelée car deux paramètres que l'on doit normalement contrôler sont obtenus automatiquement.

1° ORIENTATION : REGLE INCHANGEE

Il faut orienter l'électrode sur la bissectrice de l'angle que forment les pièces à assembler.

2° HAUTEUR D'ARC : OBTENUE AUTOMATIQUEMENT

En effet, L'ELECTRODE EST AU CONTACT des pièces, c'est la profondeur du cratère qui donne automatiquement la hauteur d'arc.

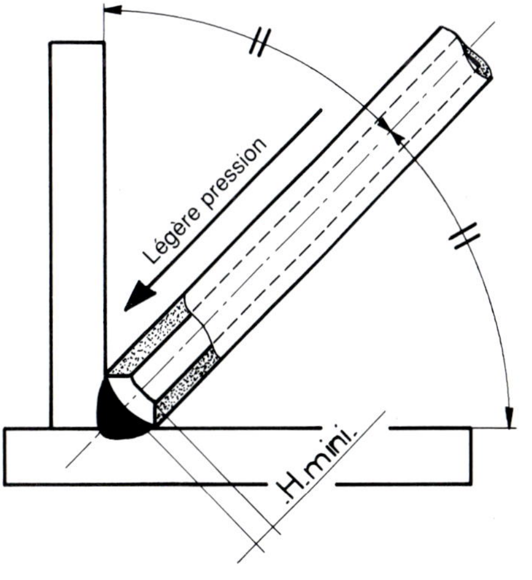

3° INCLINAISON : PLUS PRONONCEE QU'A PLAT, 50° A 60°

Là encore son premier rôle est de maintenir le laitier en arrière sur la soudure ; le soudeur adaptera donc son inclinaison aux circonstances. Une variation de 10° peut paraître faible mais se révéler très importante.

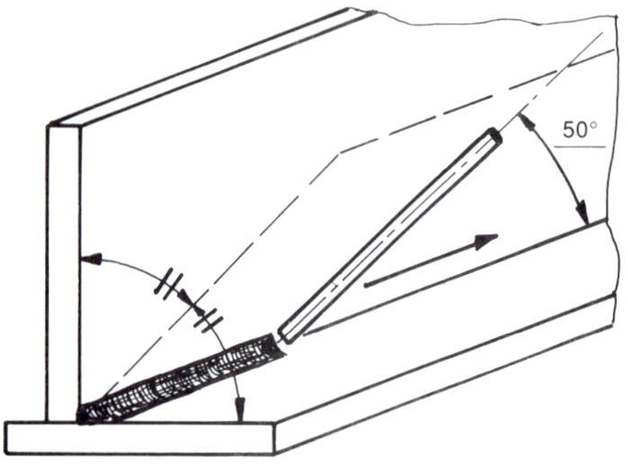

En outre une inclinaison de 50° à 60° combinée à l'usure de l'électrode entraîne une avance automatique correspondant à une largeur de cordon d'une électrode.

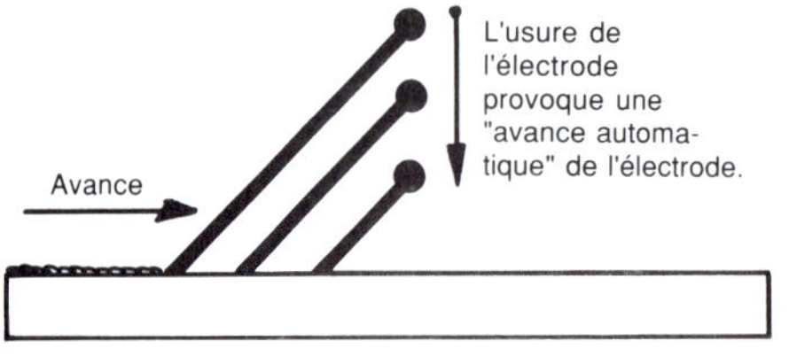

Il suffit donc de maintenir l'électrode au contact des pièces par une légère pression sans être obligé de vraiment la déplacer.

4° REGLAGE DE L'INTENSITE

Cette méthode réclame un peu plus de puissance d'arc ; on élèvera donc de 10% l'intensité de soudage habituellement utilisée à plat.

RESUME

Orienter parfaitement l'électrode sur la bissectrice de l'angle que forment les pièces.

Incliner l'électrode entre 50° et 60° par rapport à la ligne de soudure.

Adopter un arc court, l'électrode est au contact des pièces.

Opérer une légère pression sur l'électrode avec une tendance à la tirer.

Augmenter l'intensité de soudage de 10% par rapport à la normale.

AUTRES TYPES DE JOINTS SOUDES

SOUDURE MONTANTE

Pendant le soudage et vu la position de la soudure, le métal liquide a tendance à s'affaisser. On fera évoluer les paramètres de soudage pour faciliter son maintien.

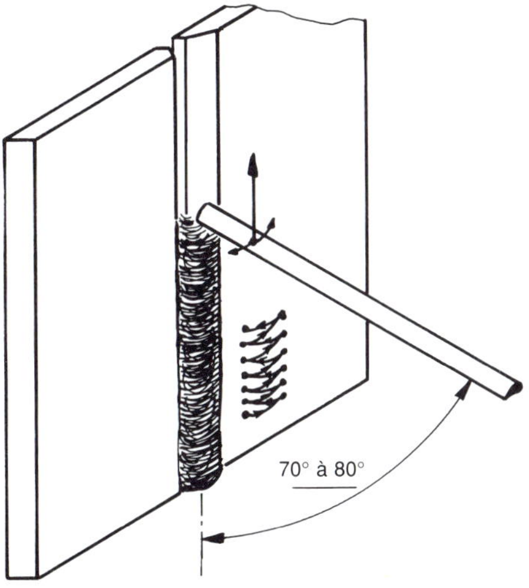

- Diminuer l'intensité de soudage de 10 à 20%.
- Adopter un mouvement balancé.

SOUDURE DESCENDANTE

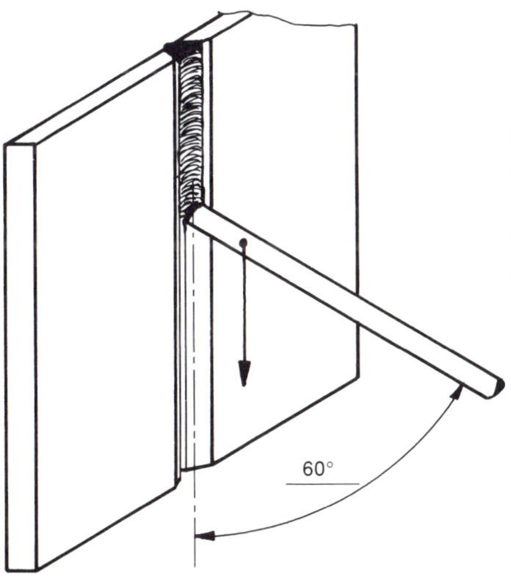

- Adopter une vitesse d'avance rapide pour ne pas se laisser dépasser par le laitier.

LA SECURITE

Souder à l'arc ne présente aucun danger si l'on est conscient des risques particuliers de cette activité et que l'on respecte quelques précautions élémentaires.

En effet l'arc électrique émet des rayons ultra-violets (rayons bronzants du soleil) et des rayons infra-rouges (chaleur).

REGLE

Il est donc indispensable de se protéger intégralement le visage par un masque, et les yeux en équipant ce masque d'un verre spécial filtrant.

L'ensemble du corps doit être également protégé.

La fumée due à l'enrobage des électrodes n'est pas nocive, on soudera néanmoins dans un milieu correctement aéré.

ATTENTION à la soudure sur pièces recouvertes de peinture ou plastifiées, ces émanations-là peuvent être nocives.

PREPARATION DES BORDS

La préparation des bords est une opération importante. Les parties à souder doivent être débarrassées de la rouille en plaques, de la peinture et de l'excès d'huile ou de graisse. En outre, les bords seront rectilignes et parallèles.

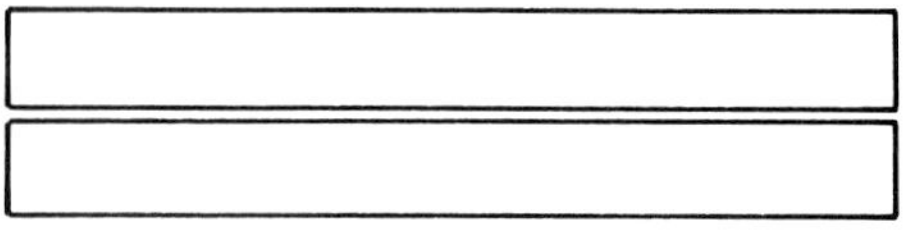

BON.

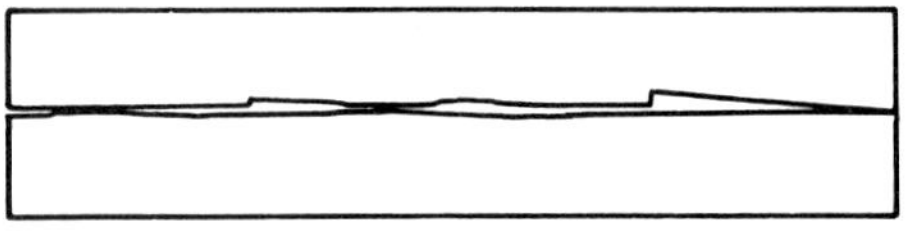

MAUVAIS.

La pénétration, donc la résistance de la soudure dépend pour beaucoup de cette préparation.

RAPPEL : la pénétration est la partie de la pièce fondue par l'arc. Sur pièces bien préparées, elle est sensiblement égale au diamètre de l'électrode.

PREPARATION DES BORDS EN FONCTION DE L'EPAISSEUR ET POUR UNE PENETRATION MAXIMALE

- BORD A BORD
Sans écartement.

Epaisseurs : 1,5 mm ou 2 mm
Electrodes : Ø 1,6 mm ou 2 mm.

- BORD A BORD
avec un écartement
sans reprise à l'envers.

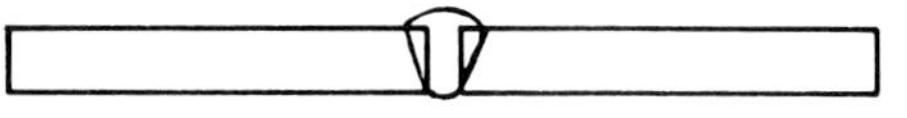

Epaisseurs : de 2 à 4 mm
Electrodes : Ø 2,5 mm ou 3,15 mm.

- BORD A BORD
avec écartement et reprise à l'envers.

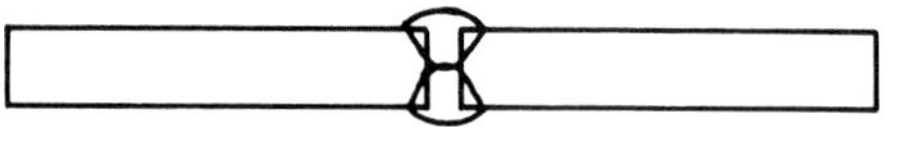

Epaisseurs : de 4 à 6 mm
Electrodes : Ø 3,15 mm.

- BORD A BORD
avec chanfrein en V

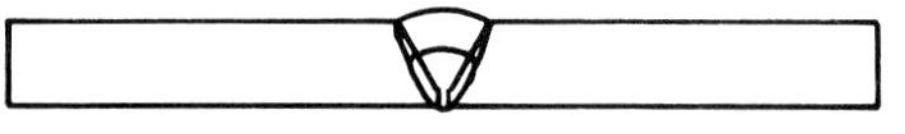

Epaisseurs : de 6 à 8 mm ou plus si la soudure n'est accessible que d'un côté.
Electrodes : Ø 3,15 mm.

- BORD A BORD
avec chanfrein en X.

Epaisseurs : 8 mm et plus
Electrodes : Ø 3,15 mm ou 4 mm.

ATTENTION

Respecter l'angle des chanfreins.

BON

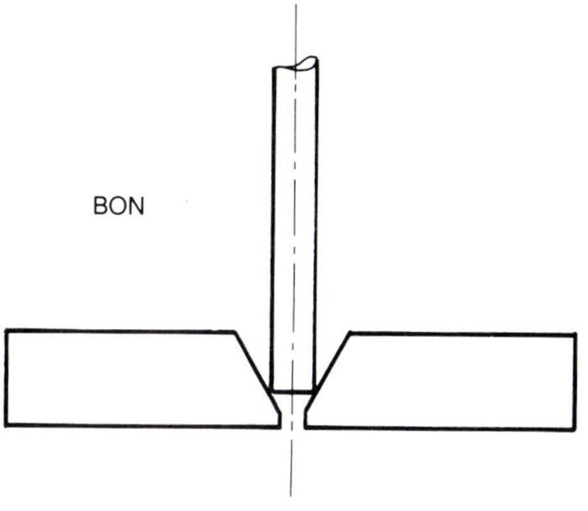

MAUVAIS

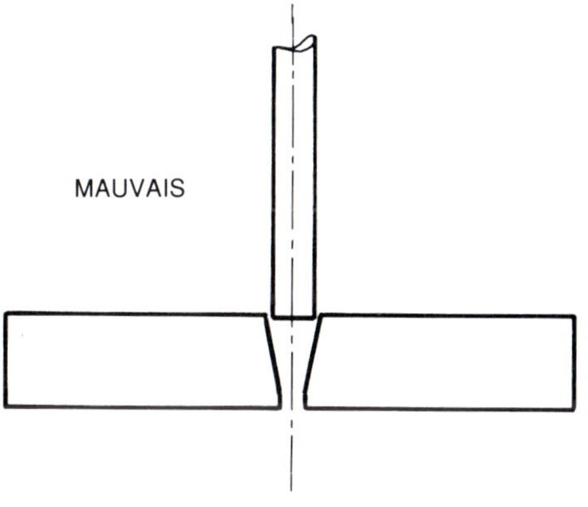

POSITIONNEMENT DES PIECES

Le but est de maintenir fermement les pièces en bonne position, avant, pendant et même après le soudage pendant la période de refroidissement de la soudure.

Ceci permet de lutter efficacement contre les déformations dues essentiellement aux phénomènes de dilatation et de retrait occasionnés par le chauffage.

Au fur et à mesure des besoins, en vue de réalisations, on pourra se constituer un petit arsenal d'auxiliaires de fabrication fait de pinces étaux et de serre-joints, mais aussi de montages et gabarits de soudage simples comme une plaque épaisse bien plane ou une chute de profilé massif et d'équerre.

ATTENTION

Lors de la mise en position, pensez à l'accessibilité, pour souder sans être gêné et pouvoir facilement démonter la pièce du gabarit.

RESUME

Mise en position

Maintien en position

Soudage

RAPPEL

Mieux on préparera les pièces, plus facile sera l'exécution de la soudure, et meilleur sera le résultat.

LES ASTUCES

DEBUT DE CORDON

Démarrer le cordon à l'extérieur de la pièce en marquant un temps avec un arc plutôt long.

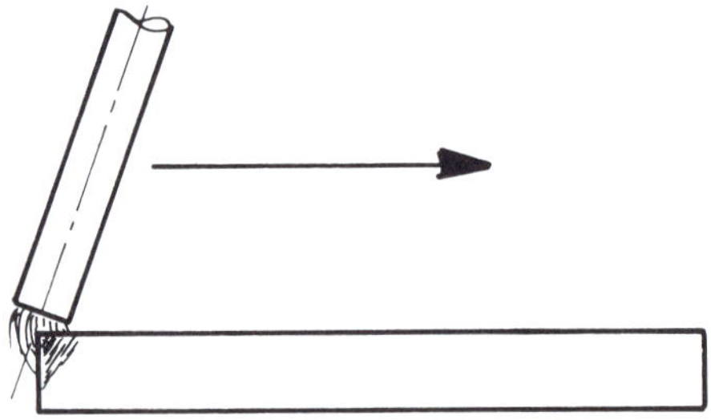

FIN DE CORDON

Ne pas arrêter brutalement la soudure ; il faut "nourrir" la fin du cordon en revenant de quelques millimètres.

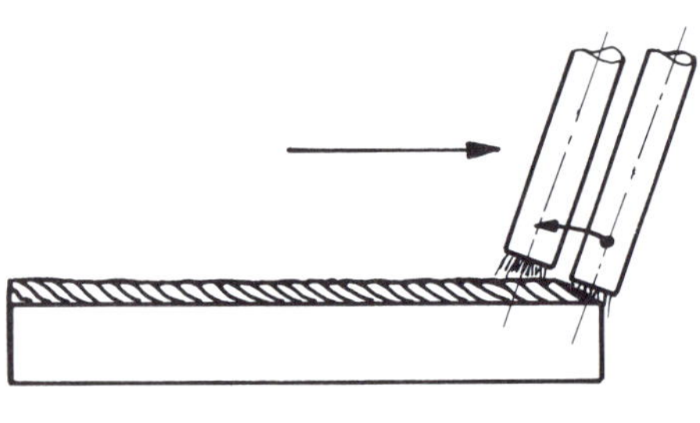

REPRISE DE CORDON

Lors de la reprise de cordon pour changement d'électrode, nettoyer soigneusement par piquage la fin de la soudure précédente.

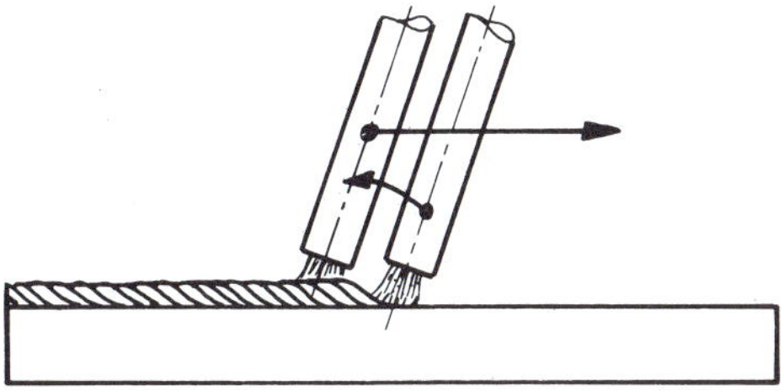

Amorcer en bas, revenir vers le haut, repartir dans le sens de la soudure.

LE SOUDAGE SUR TOLES MINCES

Le soudage sur tôles minces avec une électrode légèrement plus forte est possible en utilisant un support en cuivre,

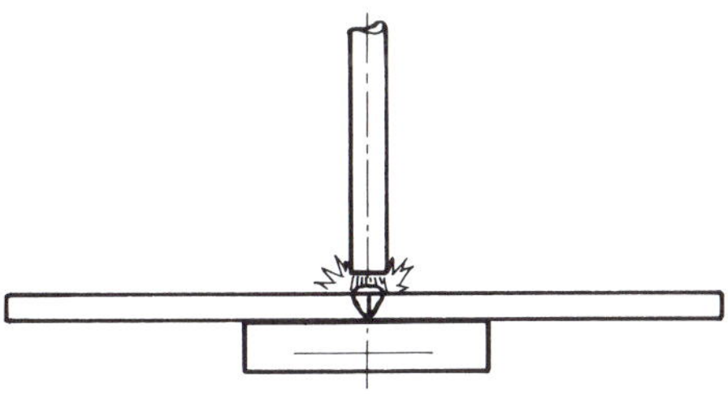

ou encore, si l'envers de la soudure n'est pas visible, une simple bande de tôle martyre.

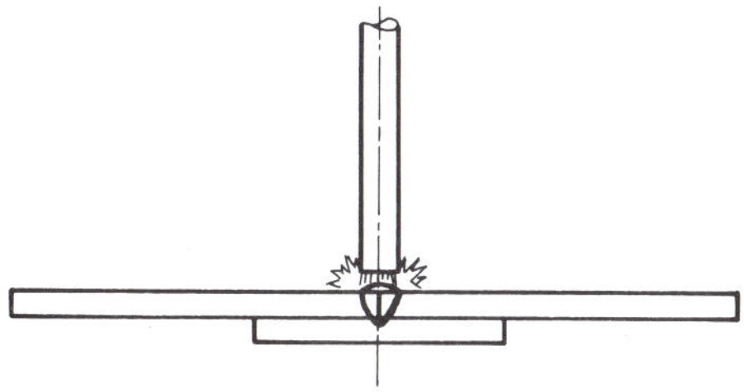

COMMENT EVITER L'EFFONDREMENT D'UN ANGLE OU D'UNE EXTREMITE

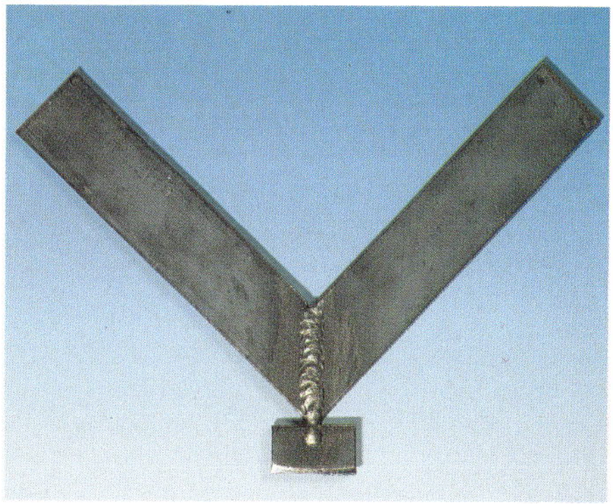

ATTENTION

Attendre que le laitier soit refroidi pour le piquer.

SOUDAGE A LA FLAMME

REGLAGE D'UN POSTE OA

MISE EN SERVICE

Ouvrir les vannes des bouteilles, dévisser 1/2 tour.

Régler les pressions
Oxygène : 1 bar
Acétylène : 0,4 bar.

Corriger les pressions, robinets du chalumeau ouverts.

ATTENTION

Après usage, toujours mettre le matériel au repos.

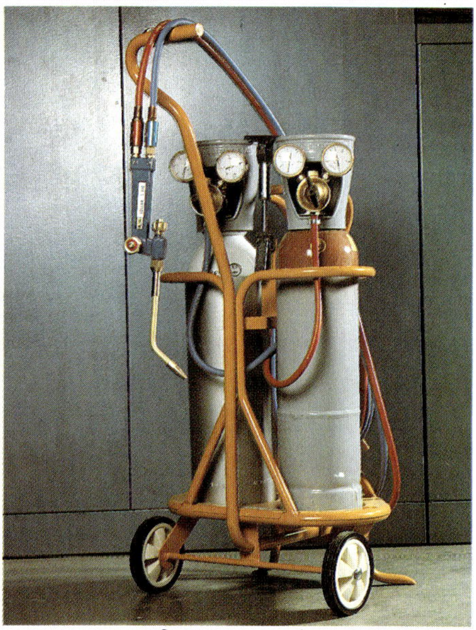

LA FLAMME OA

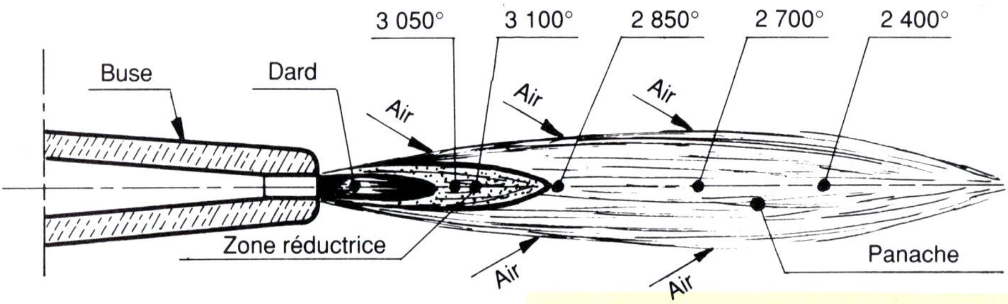

Elle résulte de la combustion d'un judicieux mélange d'acétylène et d'oxygène dont une partie est puisée dans l'air ambiant.

REMARQUE

La zone réductrice représentée par un trait fort, n'est en réalité pas visible.

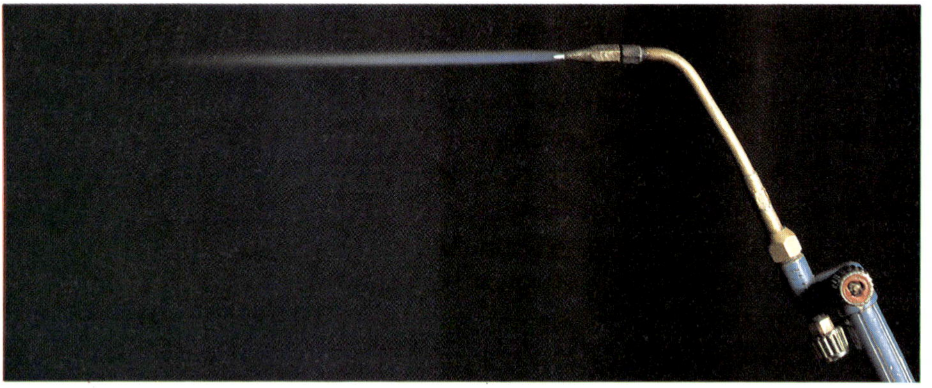

SECURITE

Jamais de corps gras en présence d'oxygène - DANGER D'EXPLOSION -

D'une puissance de 3 200°, elle est d'autre part la seule à comporter une zone réductrice qui place le métal en fusion à l'abri de l'air, donc de l'oxydation. Pour cette raison, elle sera la seule à être utilisable en soudage autogène.

Son réglage s'effectue en trois séquences :

PREMIER TEMPS :

TOUJOURS ALLUMER SUR UN EXCES D'ACETYLENE, oxygène fermé ou très légèrement ouvert.

DEUXIEME TEMPS :

L'excès d'acétylène décolle la flamme de la buse. On ôte cet excès en DIMINUANT PROGRESSIVEMENT L'ACETYLENE JUSQU'A CE QUE LA FLAMME RECOLLE A LA BUSE.

C'est la seule méthode pour obtenir le débit d'acétylène correspondant à l'orifice de sortie de la buse.

TROISIEME TEMPS :

OUVRIR ET AUGMENTER PROGRESSIVEMENT L'OXYGENE JUSQU'A BON REGLAGE DU DARD.

Cette dernière phase doit être exécutée avec précision et contrôlée régulièrement.

ATTENTION

L'excès d'oxygène, même faible, est très néfaste pour la soudure. De plus, il est difficilement décelable.

REMEDE

Fermer légèrement l'oxygène puis régler à nouveau.

SECURITE

Ne jamais laisser traîner un briquet à gaz sur une table de soudure.

RESUME

Ouvrir en excès l'acétylène.

Allumer

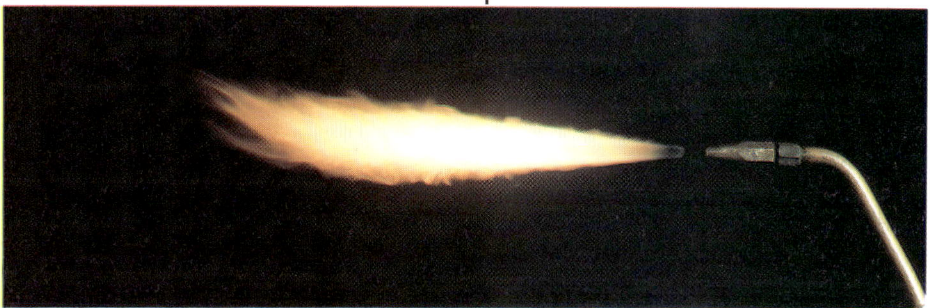

L'excès d'acétylène décolle la flamme.

Diminuer l'acétylène jusqu'à ce que la flamme recolle à la buse (mais pas plus).

Bon réglage en acétylène.

Ouvrir et augmenter progressivement l'oxygène jusqu'à parfait réglage du dard.

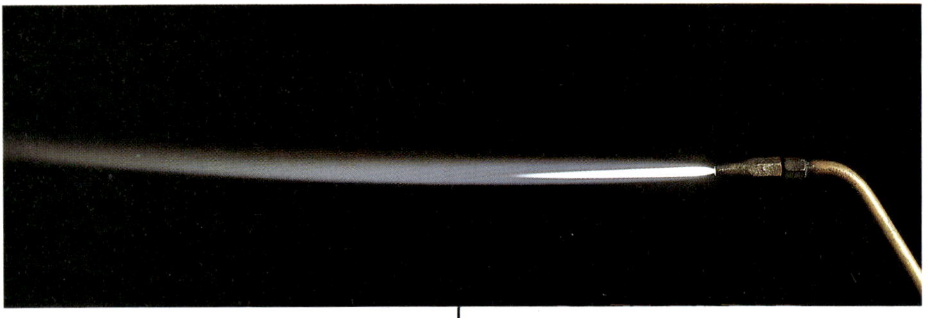

Bon réglage en oxygène.
Bon réglage de la flamme.

SECURITE :

Pas de vêtement de nylon pour manipuler une flamme.

TENUE DU CHALUMEAU

Là aussi, le but est de bien répartir la chauffe sur les matériaux à souder. D'autre part, la zone la plus chaude étant le cœur de la zone réductrice, c'est cette partie de la flamme que l'on utilisera.

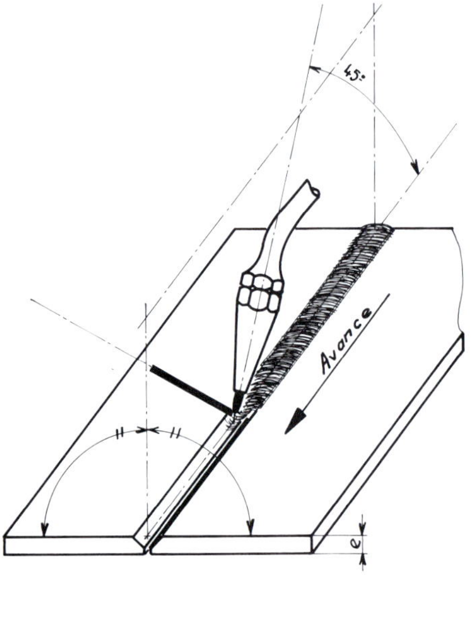

REGLE

- Il faut orienter le chalumeau sur la bissectrice de l'angle que forment les pièces à assembler.

- On inclinera le chalumeau à 45° par rapport à la ligne de soudure.

- Le dard effleure les pièces sans jamais les toucher.

- Il est préférable de pousser le chalumeau.

INCIDENT DE MARCHE : le chalumeau claque.

Il s'agit le plus souvent d'un manque de débit d'acétylène.

REMEDE

Augmenter légèrement l'acétylène, puis régler l'oxygène correspondant.

Recommencer plusieurs fois s'il y a lieu.

SECURITE

Protéger ses yeux des projections de métal et de la luminosité de la flamme avec des lunettes teintées.

LA FLAMME AIR PROPANE

LE MATERIEL

Elle résulte de la combustion du propane (en bouteille) et de l'air ambiant qui fournit l'oxygène.

Chalumeau branché sur mini-bouteille et lampe à souder.

Son prix de revient est très intéressant tant à l'achat du matériel qu'à l'utilisation.

Néanmoins ses performances sont nettement plus faibles que celles de la flamme OA.

On l'utilisera donc pour la soudure hétérogène avec des températures à atteindre n'excédant pas 700° ou pour tout autre chauffage de pièce.

REGLAGE

Le réglage est simple, on fait varier la puissance de la flamme en faisant varier le débit de gaz grâce au robinet du chalumeau puis on règle l'arrivée d'air en agissant sur la bague jusqu'à obtenir une flamme bleue.

ATTENTION, pas de flamme en direction de la bouteille !

Flamme molle et rouge : manque d'oxygène.

Flamme vive et claire : bon réglage.

SECURITE

Surveiller l'état du tuyau souple de raccordement. Utiliser un tuyau normalisé et respecter la date de péremption.

LA FLAMME AIR BUTANE

Mêmes caractéristiques et même domaine d'application que la flamme AIR PROPANE, plus économique mais un peu moins performante.

L'OXYCOUPAGE

L'OXYCOUPAGE au chalumeau est un procédé utilisé pour la coupe des aciers.

PRINCIPE

Il repose sur la propriété qu'ont le fer et les aciers de brûler dans l'oxygène pur dès l'instant qu'ils ont été chauffés à 1 250°.

MATERIEL : LE CHALUMEAU OXYCOUPEUR

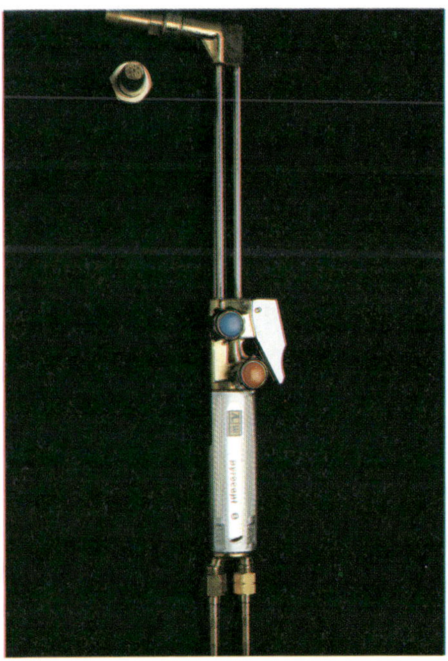

Le matériel de base est le même que pour une flamme OA.

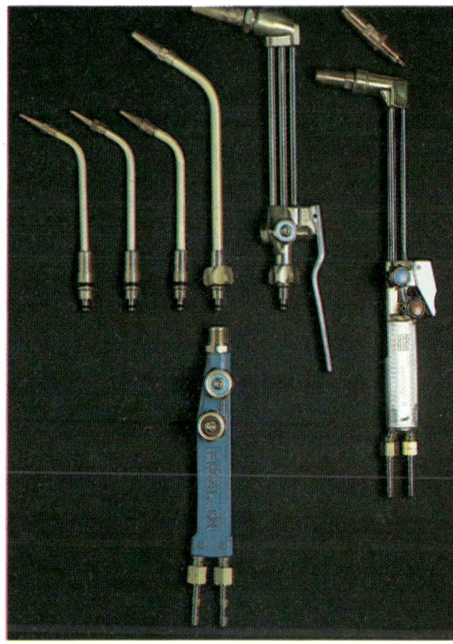

Ci-dessus : un chalumeau soudeur avec adaptation possible d'une lance de coupe ; un chalumeau oxycoupeur avec une tête de coupe.

Si l'on possède un poste OA, le chalumeau coupeur peut être un excellent complément.

APPLICATION

On chauffe un point de la pièce à découper à 1 250° minimum.

On dirige sur ce point un puissant jet d'oxygène pur, la combustion démarre produisant un fort dégagement de chaleur.

La zone située autour du point de combustion est ainsi rapidement portée à une température suffisante pour brûler à son tour.

On déplace régulièrement le jet d'oxygène et la coupe se déplace de proche en proche.

LA TETE DE COUPE

Elle correspond aux épaisseurs à couper.

REGLAGE DES PRESSIONS

Acétylène : 0,4 bar

Oxygène : de 3 à 7 bars suivant l'épaisseur à couper.

La puissance du jet d'oxygène doit également permettre l'évacuation des résidus de la combustion.

REGLAGE DE LA FLAMME

Les dards de la couronne de chauffe se règlent comme une flamme OA.

Vérifier et éventuellement corriger ce réglage, oxygène de coupe ouvert.

REMARQUE

Pour des raisons économiques, il est possible de remplacer l'acétylène par du propane.

REGLES D'EXECUTION

LE GUIDAGE

Le guidage de la coupe peut s'effectuer à main levée, mais l'opérateur a tout intérêt à guider le chalumeau, le résultat sera nettement meilleur.

VITESSE D'AVANCE

L'avance sera la plus régulière possible, pour éviter le désamorçage de la coupe. Elle sera plus ou moins rapide selon l'épaisseur à découper.

Déplacer régulièrement le chalumeau. Eviter les à-coups qui désamorcent la coupe.

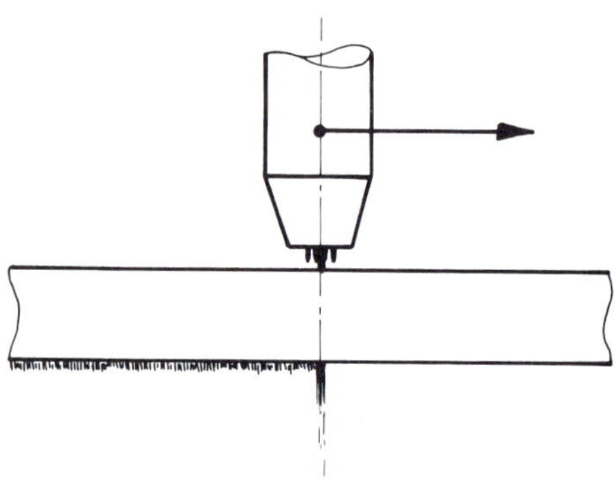

BON.

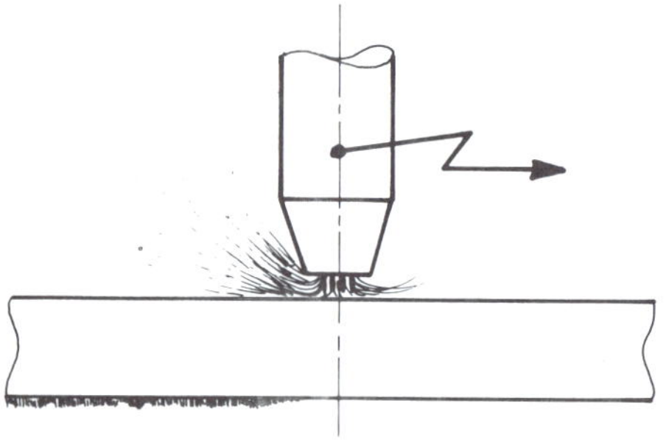

MAUVAIS.

HAUTEUR DU DARD

En aucun cas, le dard ne doit toucher les pièces, là aussi un guidage en hauteur sera bien utile.

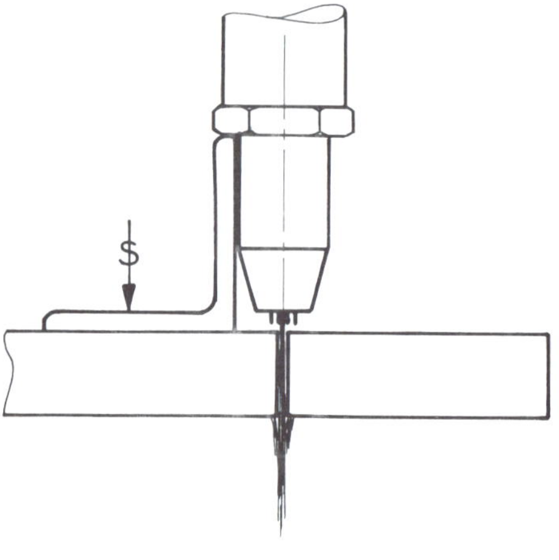

QUELQUES CONSEILS DE MANIPULATION

SECURITE

Porter des lunettes et des chaussures fermées. Se protéger efficacement contre les projections de métal.

Démarrer sur le bord des pièces, éviter les démarrages pleine tôle.

SI LA COUPE SE DESAMORCE : fermer l'oxygène de coupe, chauffer un nouveau point de départ, ouvrir l'oxygène de coupe, redémarrer.

SECURITE

Le jet de coupe doit toujours traverser franchement. L'envers de la coupe sera bien dégagé.

Ne pas couper de pièces superposées.

REMARQUE

L'oxycoupage n'est pas une fusion. Il est donc impossible de couper les aciers inoxydables.

LE SOUDAGE HETEROGENE

RAPPEL

Souvent appelé BRASAGE, dur ou tendre, en fonction des métaux d'apport utilisés, le soudage hétérogène se distingue des autres méthodes de soudage par le fait que les pièces ne sont pas fondues. Seul le métal d'apport est porté à l'état liquide.

Le métal d'apport utilisé devra donc avoir un point de fusion inférieur à celui des pièces à assembler.

PRINCIPE

Il repose sur le pouvoir d'accrochage par capillarité qu'ont certains liquides sur les solides, par infiltration du liquide entre les grains du solide.

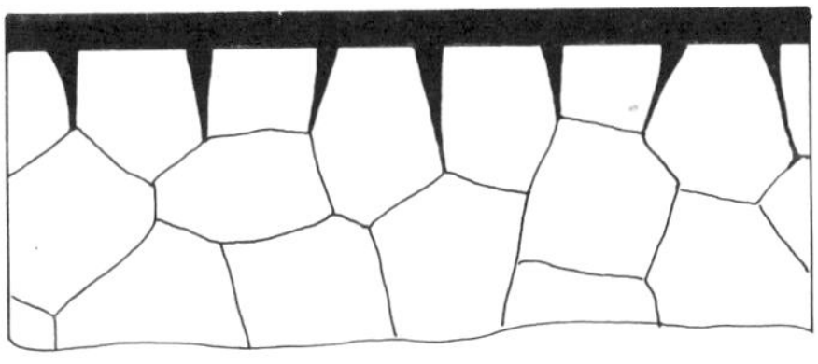

Par analogie au comportement de l'eau sur certains solides, ce phénomène est aussi appelé mouillage.

MOUILLAGE.

NON MOUILLAGE.

Ce phénomène de mouillage, donc d'accrochage, n'est possible que sous certaines conditions.

Ces conditions seront des règles de travail qu'il faudra respecter scrupuleusement.

REGLES D'EXECUTION

1° Les parties à souder doivent être parfaitement décapées : sans peinture, sans trace de graisse ou d'huile, sans rouille ni oxyde.

De fait, tout corps étranger à la surface des pièces, même en faible quantité, gênera ou empêchera l'accrochage du métal d'apport. Il faut donc éliminer mécaniquement toutes traces ; les endroits à souder doivent être à nu.

2° Les pièces à souder doivent être chauffées à une température légèrement supérieure au point de fusion du métal d'apport utilisé.

Dans le cas contraire, si les pièces étaient insuffisamment chauffées, le métal d'apport se solidifierait à leur contact et ne pourrait ainsi s'étaler et s'infiltrer entre les grains.

A l'opposé, si les pièces sont trop chauffées, il y a risque de surchauffe du métal d'apport à leur contact et dénaturation du dépôt.

3° Il est nécessaire d'utiliser un décapant avant et pendant la soudure.

En effet, la conduite de la chauffe provoque des oxydes et des salissures qu'il est nécessaire d'éliminer tout en limitant leur formation. Le décapant qui agit avant et pendant la fusion permettra de déposer du métal liquide sur des pièces parfaitement saines.

CHOIX DU METAL D'APPORT

Le métal d'apport doit être à la fois compatible avec les pièces à souder et l'usage ultérieur de l'ensemble soudé.

EXEMPLE : réparation d'une louche à soupe par brasage dur à l'argent.

Matière à souder ?
ACIER INOXYDABLE

Destination de l'objet ?
USAGE ALIMENTAIRE

Moyens de choix ?
DOCUMENTATIONS FABRICANTS

CHOIX

METAL D'APPORT REPONDANT AUX NORMES ALIMENTAIRES.

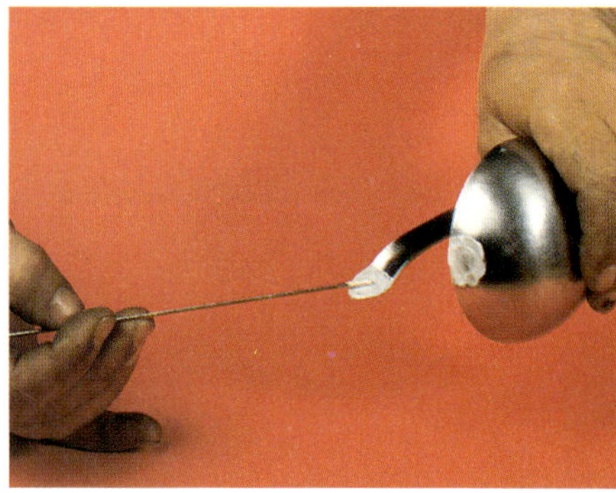

Sur des pièces parfaitement décapées, enduire de pâte décapante.

Sur les parties qui seront ultérieurement en contact, déposer un film de métal d'apport.

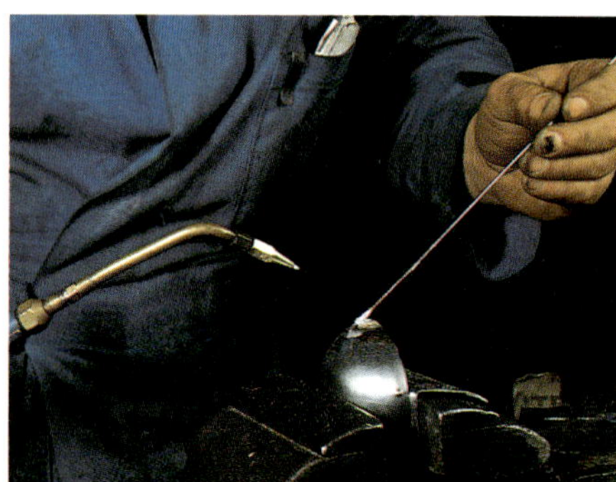

Le brasage à l'argent est ainsi appelé du fait de la présence d'argent dans le métal d'apport utilisé, ce qui abaisse le point de fusion et augmente la fluidité du métal déposé.

Placer les éléments à ressouder, chauffer jusqu'à fusion du métal d'apport, laisser refroidir sous pression.

SECURITE

Un nettoyage scrupuleux de l'instrument est impératif avant un nouvel usage.

CHOIX DU DECAPANT

Le choix du décapant est intimement lié à celui du métal d'apport. En effet, il doit agir aux mêmes températures sans être surchauffé.

Les fabricants de métaux d'apport proposent souvent le décapant adapté à chaque alliage. Pour toutes les raisons citées plus haut on adoptera LE COUPLE "METAL D'APPORT - DECAPANT".

SECURITE HYGIENE concernant les décapants :

Ces produits sont souvent hautement corrosifs. Il est donc nécessaire d'éviter tout contact avec la peau et surtout les muqueuses, de ne pas respirer les fumées et de se laver les mains après usage.

SECURITE

Produits nocifs à tenir hors de portée des enfants. Sur chaque conditionnement le fabricant appose une mise en garde. On étudiera attentivement cette notice d'hygiène et de premiers soins en cas d'accident.

REMARQUE

Pour les décapants à basse température, généralement présentés sous forme de graisse, on évitera le chauffage direct, car la flamme les brûle et provoque des salissures.
On préférera le chauffage indirect qui, de plus, chauffe surtout les pièces, sans risque de surchauffer le métal d'apport.

RESUME

A condition d'être méthodique, le soudage hétérogène permet d'élargir sensiblement le domaine d'intervention en soudure. Bien prendre le temps d'une préparation soigneuse, c'est le secret de la réussite.

APPLICATION

Soudage d'un T de dérivation sur un tube cuivre Ø 14 mm pour une installation de chauffage central.

Choisir un métal d'apport.

Décaper soigneusement les parties à souder.

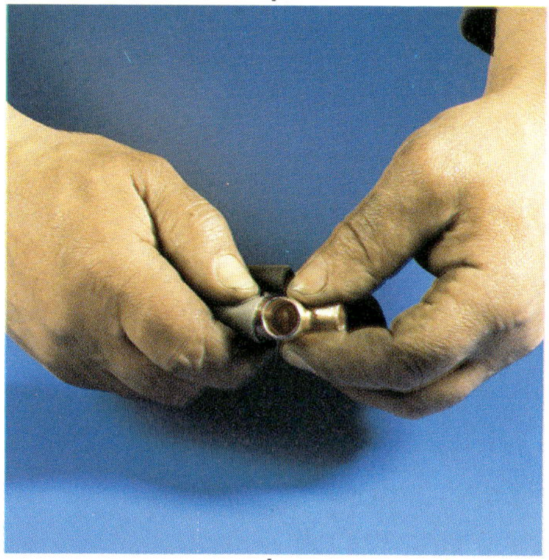

Utiliser le décapant approprié.

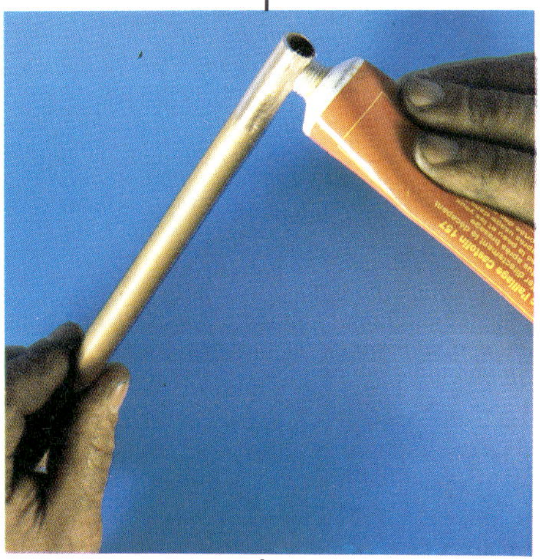

Chauffer les pièces à une température légèrement supérieure au point de fusion du métal d'apport utilisé.

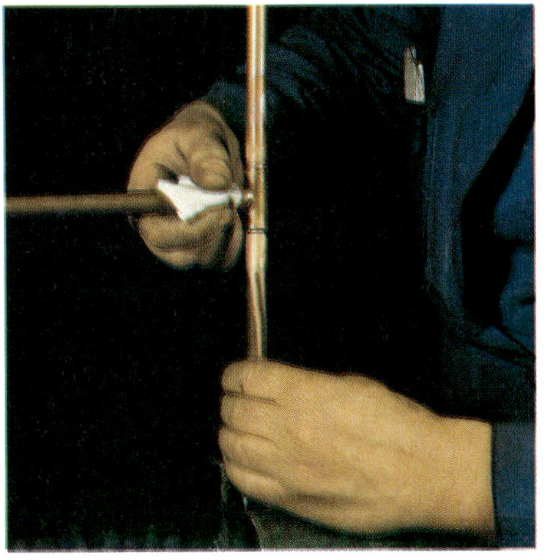

Déposer le métal d'apport.

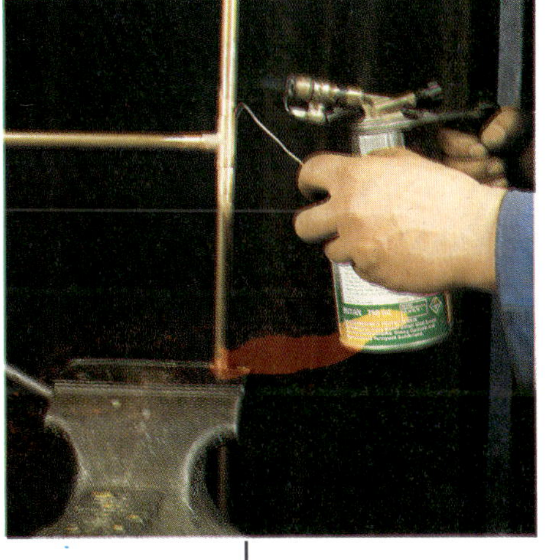

Nettoyer la soudure après refroidissement.

UNE ASTUCE

Pour apprécier avec plus de sûreté la quantité de métal déposée, on repliera une longueur égale au diamètre du tube (ici 14 mm), quantité suffisante pour effectuer une des trois soudures.

REMARQUE

Les trois soudures doivent s'effectuer simultanément.

PREPARATION DU TRAVAIL

Vous avez une idée et vous voulez la concrétiser.

C'est votre projet.

Faites des croquis.
Prenez des mesures.
Documentez-vous.
Réfléchissez et laissez mûrir vos idées.
Faites des dessins précis et à grande échelle (bien souvent en vraie grandeur).
Définissez les assemblages.

C'est la partie étude.

NOTIONS DE TRAÇAGE

Le traçage est la phase de travail où vous passez de l'étude à la réalisation. Votre projet est donc totalement défini.

Tracer, c'est transcrire sur les profilés et autres matériaux, les cotes et formes élaborées sur les dessins et croquis.

UN CONSEIL

N'avancez pas à l'aveuglette sans préparation et au coup par coup, mais progressez méthodiquement selon une étude bien pensée.

LES REFERENCES

Pour un traçage méthodique, il est nécessaire de choisir des références, ce sont les "surfaces" qui serviront de bases de départ aux différents tracés et ce sont ces mêmes bases qui serviront de "références" lors du montage par soudure, et lors de la pose de l'ouvrage.

Nous appellerons ces SURFACES DE REFERENCE : SR1, SR2 et quelquefois SR3.

EXEMPLE :
Etagère murale (pour un garage).

SR1 sera en contact avec le sol.
SR2 sera en contact avec le mur.

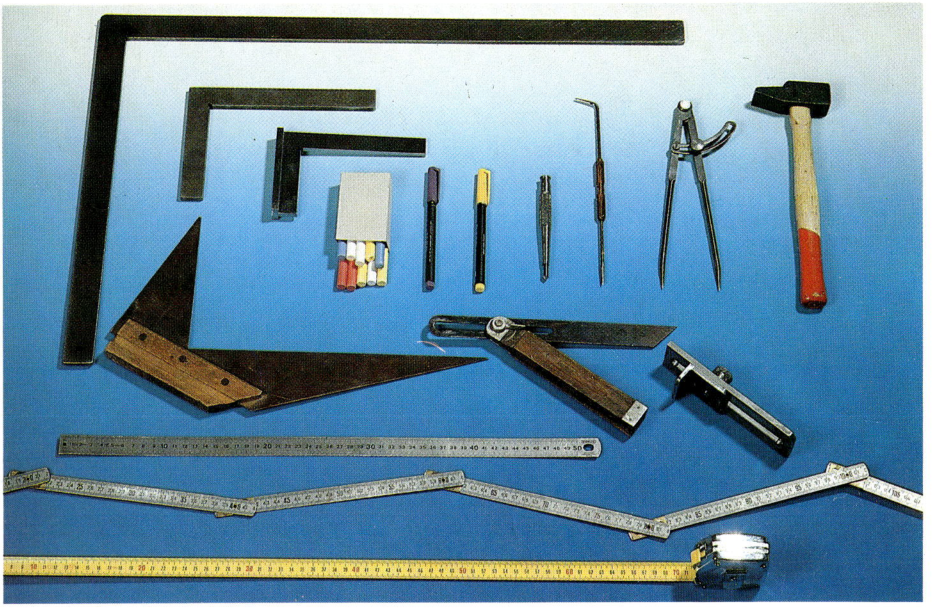

TRACER POUR DEBITER

Après avoir choisi et éventuellement rectifié les surfaces de référence :

Repérez celles-ci au feutre ou à la craie.

Tracez votre cote de débit.

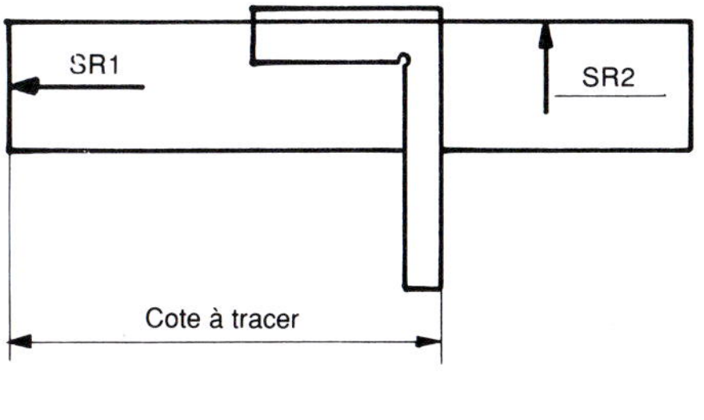

Sur deux faces pour un profilé en L ou en T.

Sur trois faces pour un profilé en **U** de manière à obtenir une bonne perpendicularité des coupes.

UNE ASTUCE

L'arête de la grande équerre destinée au contrôle des angles soudés pourra être coupée de manière à dégager la soudure et faciliter la vérification.

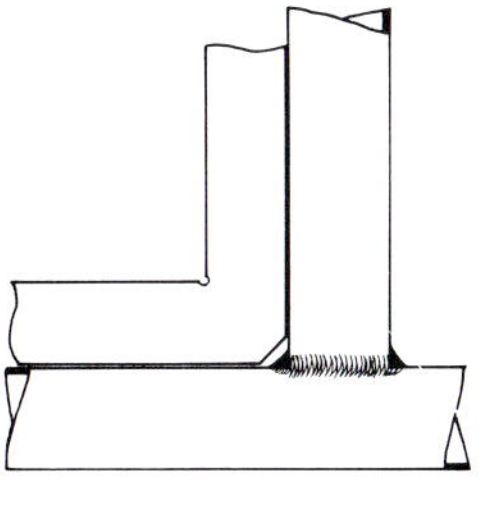

UNE ASTUCE

Pour les tubes ronds, roulez soigneusement une feuille autour du tube. Cela constitue un trait de coupe d'équerre à l'axe.

REMARQUE

Dans les tracés, tenez compte des jeux nécessaires à la pénétration de la soudure.

TRACES DE COTES EN CHAINE

Si vous avez des cotes en chaîne à reproduire.

EXEMPLE.

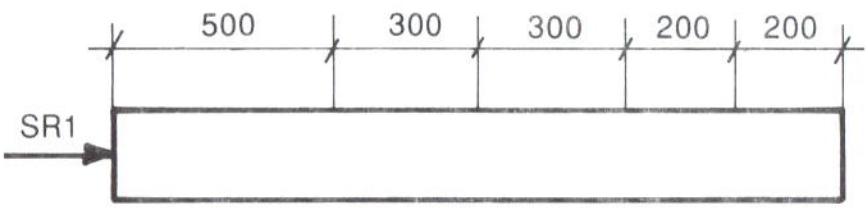

Il est nécessaire, pour plus de précision, de PROCEDER PAR ADDITION DE COTES et non par report des cotes.

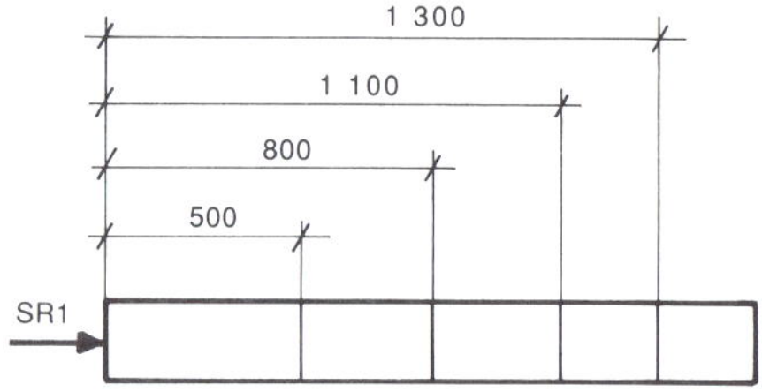

BON.

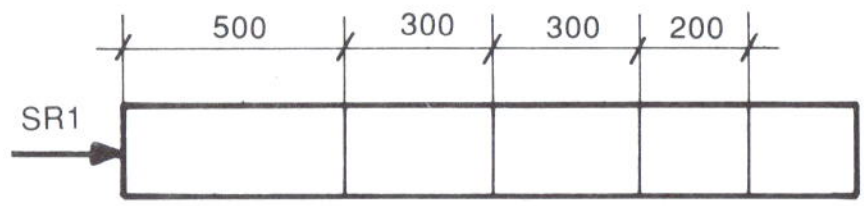

MAUVAIS.

En effet, à chaque report de cote, il y a possibilité d'erreurs. Dans le premier cas, elles sont indépendantes.

Dans le deuxième cas, elles s'additionnent.

TRACES D'AXES PARALLELES A UN COTE

EXEMPLE :
Trous de fixation de l'étagère.

Cornière 40 x 40 x 4

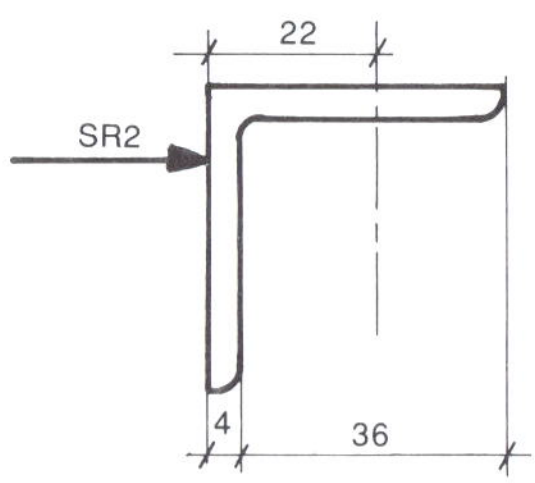

Traçage au trusquin ou tracette.

TRACES D'AXES PAR RETOURNEMENT

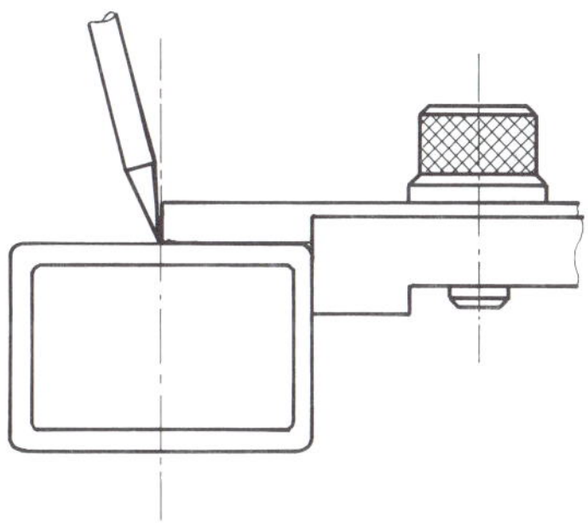

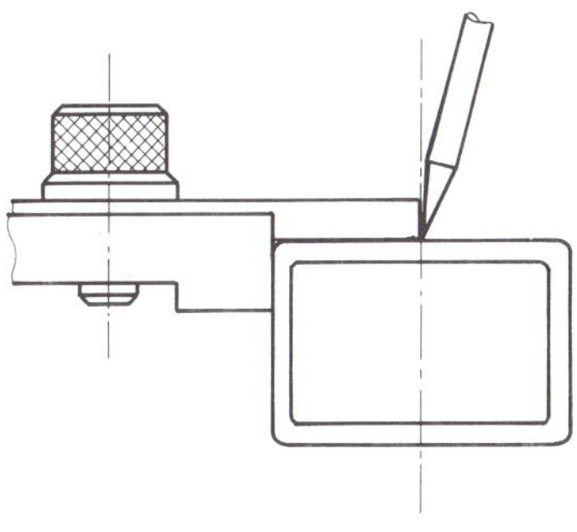

REMARQUE

D'une façon générale, on remarquera la position de la pointe à tracer.

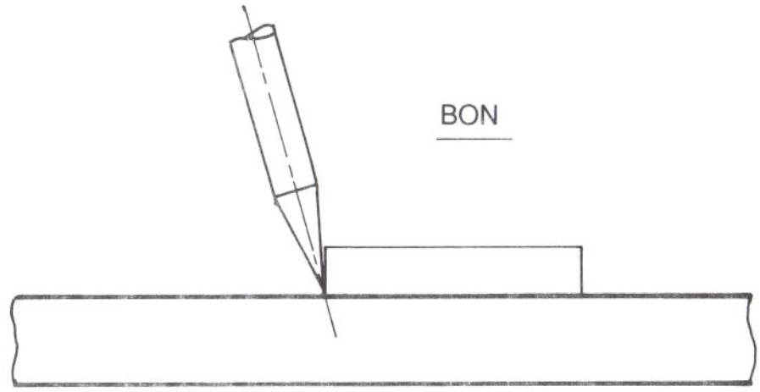

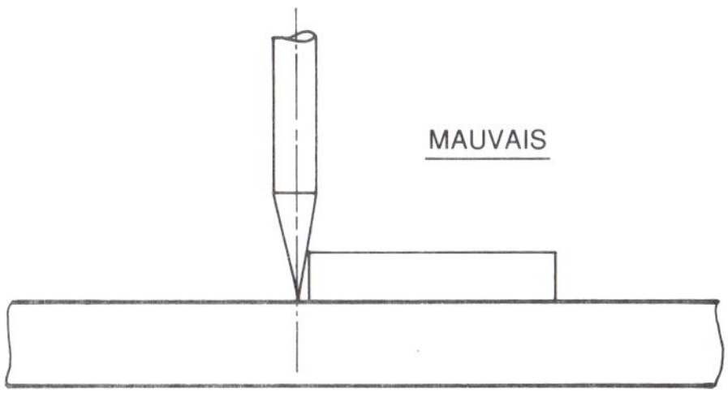

TRACES PAR PAIRES (ou plus)

Lorsque le même tracé est à effectuer sur plusieurs barres, on en tracera une selon la méthode exposée plus haut, que l'on utilisera comme MODELE pour reporter ce tracé sur les autres.

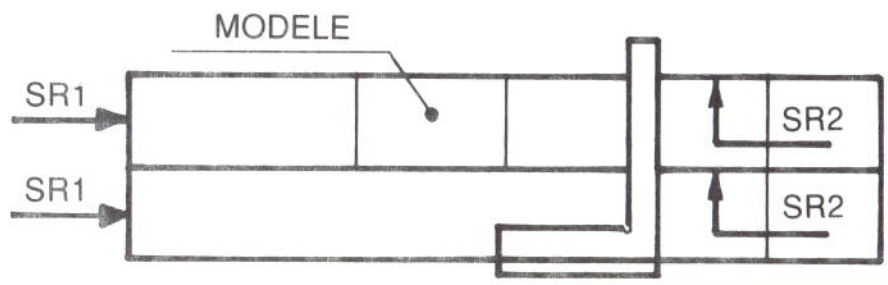

RAPPEL

Mieux le travail est préparé, plus facile est la réalisation.

Il est possible de distinguer certains tracés par un marquage de petits coups de pointeau.

Par exemple, pour le positionnement d'une barre à souder.

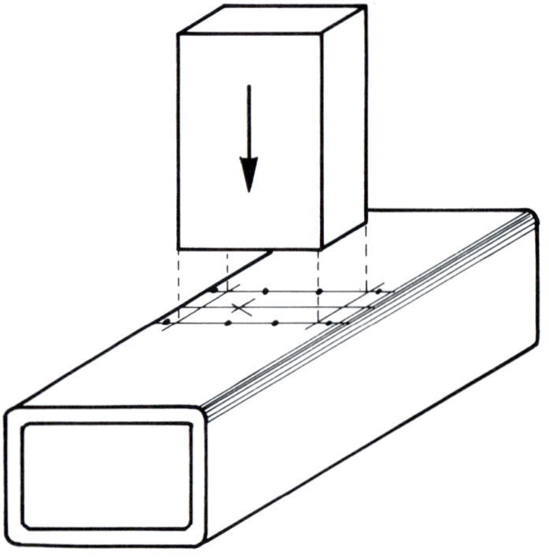

NOTIONS DE DEBIT ET DE COUPE

COUPE A LA SCIE A METAUX

Elle peut paraître longue et même fastidieuse, mais du fait de sa qualité et de sa précision, elle fera souvent gagner du temps à la soudure.

COUPE AU DISQUE A TRONÇONNER

Possible mais la précison est relative car le guidage manuel est délicat.

SECURITE

Appuyez modérément et déplacez votre meuleuse en mouvements de va-et-vient pour éviter le coincement du disque.

Portez des lunettes.

De bonne qualité, si la meuleuse montée sur un support est guidée et si votre pièce est serrée dans un étau.

SECURITE

Attention aux projections d'étincelles sur les matières inflammables. Placez des écrans.

POSITION DU TRAIT DE COUPE

On placera le trait de coupe à côté du traçage sur la partie chute pour ne pas diminuer les dimensions de la barre.

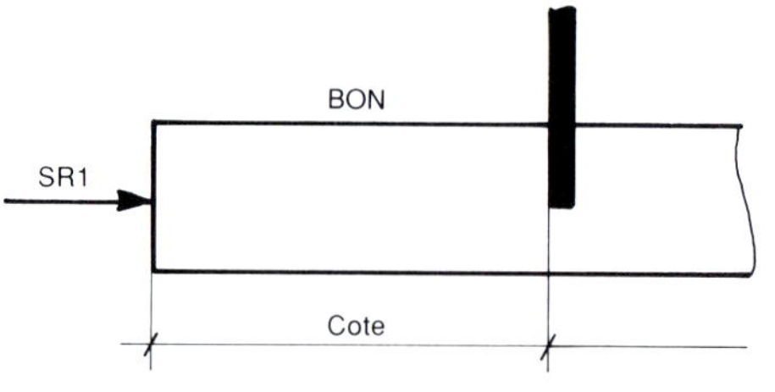

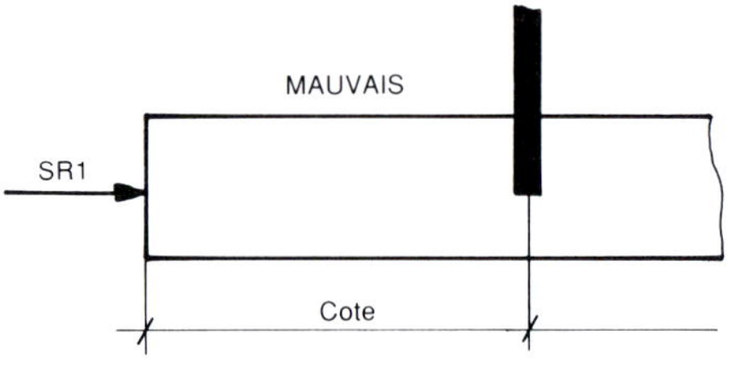

SECURITE

Oter les bavures permet un travail en toute sécurité et une mise en position précise des pièces.

NOTIONS DE CONFORMATION

La forme des barres et des tôles est linéaire et plane. Conformer, c'est changer cette forme à votre convenance.

La notion de conformation regroupe toutes les opérations de pliage, coudage, cintrage, roulage, etc...

LONGUEUR THEORIQUE A DEBITER AVANT CONFORMATION

La longueur théorique nécessaire se calcule sur l'axe des parties cintrées appelé FIBRE NEUTRE.

EXEMPLE :

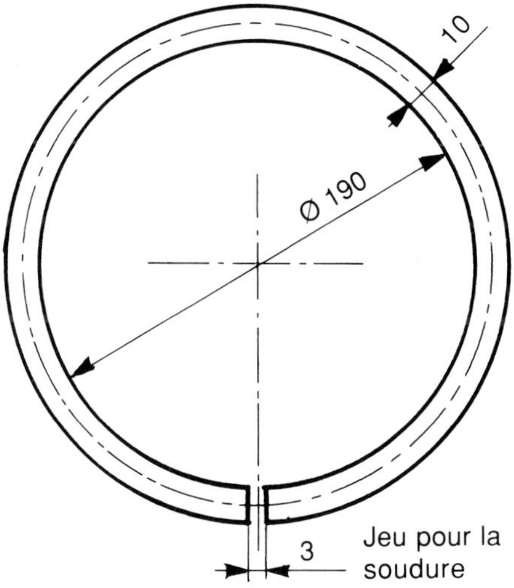

❑ Données du problème :
Ø int. 190 mm
section de la barre 10 mm

Calcul du Ø moyen :
190 + 5 + 5 = 200 mm.

❑ Longueur à débiter pour exécuter le cerclage :
200 x 3,14 = 628 mm.

Note : on déduira 3 mm pour la pénétration de la soudure.

CONFORMATION SUIVIE D'ARASEMENT

EXEMPLE : pièce à obtenir

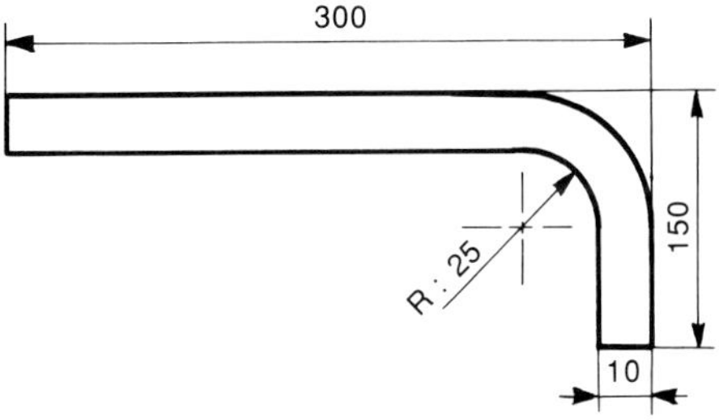

❑ Données du problème :
Longueur : 300 mm
Largeur : 150 mm
Rayon intérieur : 25 mm
Section de la barre : Ø 10 mm.

❑ Calcul de la longueur théorique de débit :
on décompose la pièce en segments ab, bc, cd.

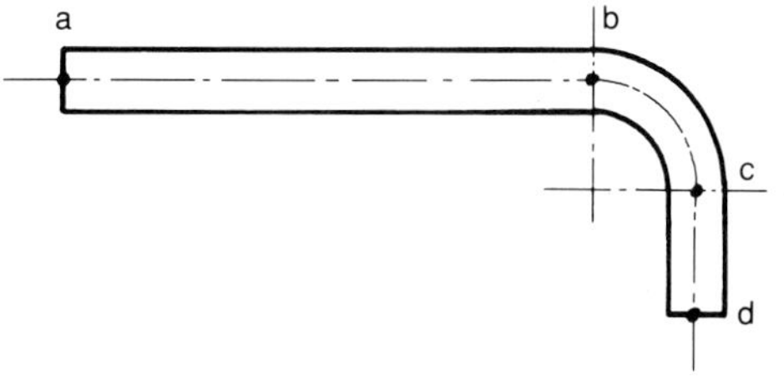

ab = 300 - 25 - 10
ab = 265

Rayon de bc ; 25 + 5 = 30 mm

$bc = \frac{30 \times 3{,}14}{4}$

bc = 23,7 mm

cd = 150 - 25 - 10

cd = 115 mm.

LONGUEUR THEORIQUE :

265 + 23,7 + 115 = 403,7 mm.

❑ Méthode :

DEBITER 450 mm

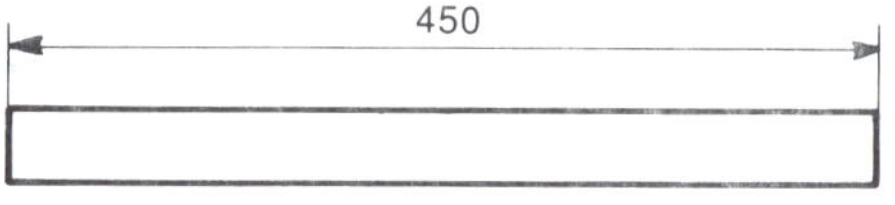

CONFORMER

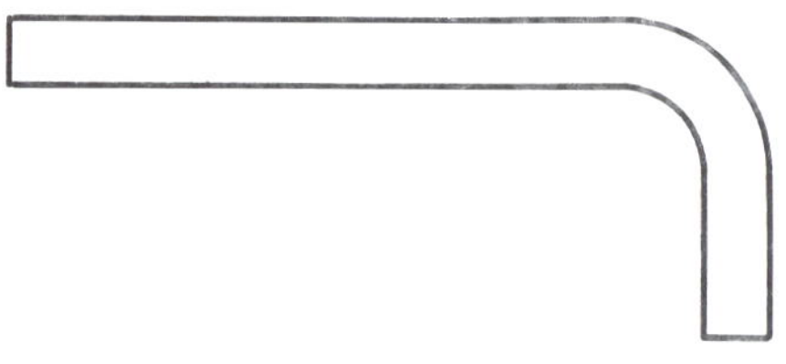

TRACER

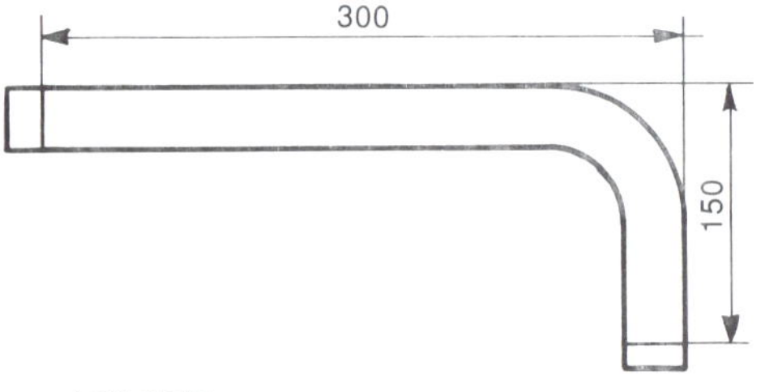

ARASER

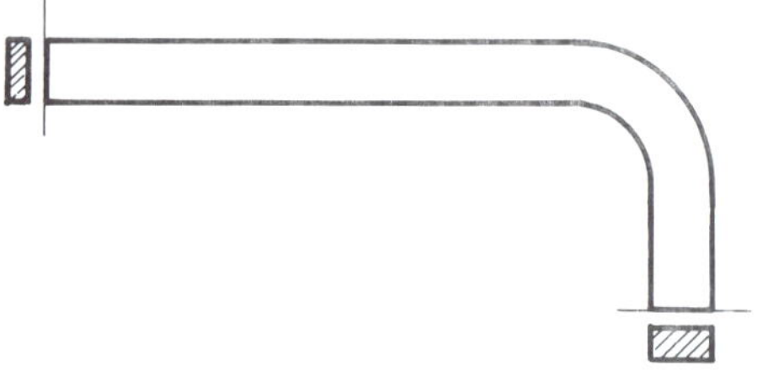

> *DEFINITION*
>
> *Araser, c'est couper à la dimension exacte après conformation.*

METHODES DE CONFORMATION

METHODE PAR CHOCS ET SUR TAS CREUX

UN OUTIL A FAIRE SOI-MEME.

On réalisera facilement un tas creux par soudure de chutes de fer rond de gros diamètre selon le croquis ci-dessous.

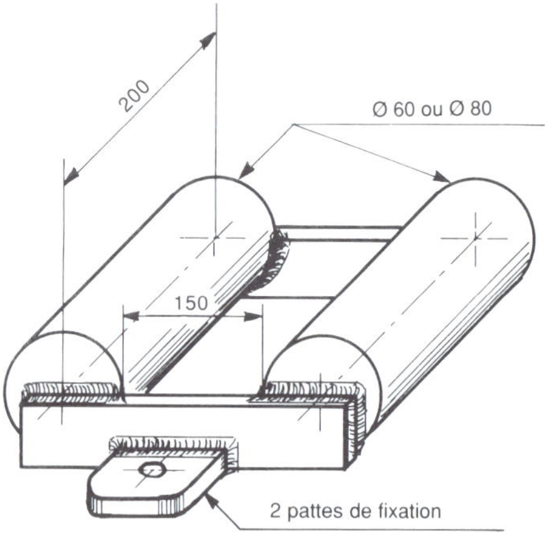

Précautions : soigner le parallélisme des rondins.

Fixer le tas sur du bois.

REMARQUE

Cette même méthode peut être utilisée pour le redressage des barres parfois endommagées par le transport.

METHODE A LA GRIFFE ET GRIFFON

La griffe et le griffon sont des fourches. L'une est serrée dans l'étau, l'autre, munie d'un manche permet de faire levier sur une barre insérée dans ces fourches et ainsi, de les courber.

Le travail à la griffe est long et demande une certaine habileté, il est surtout utilisé pour ajuster des pièces les unes par rapport aux autres.

METHODE PAR ENROULEMENT

La méthode consiste à enrouler la pièce à réaliser sur un gabarit ayant la forme intérieure à obtenir.

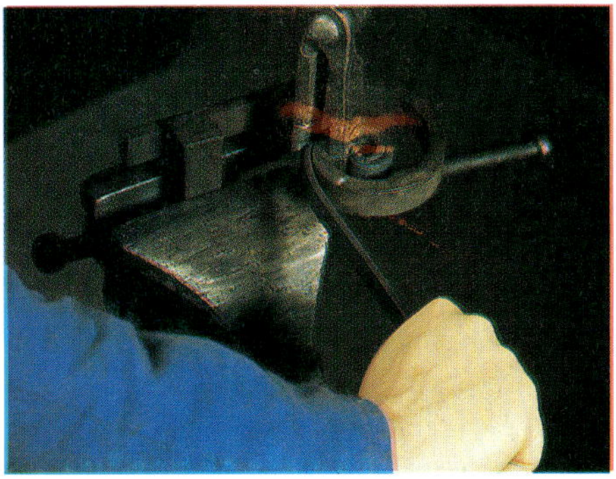

Si la courbe est complexe, il faudra réaliser à la griffe ou par chocs cette forme modèle. Dans le cas de rayons, on pourra utiliser des chutes de tube.

Réalisation d'un gabarit à partir d'une chute de tube.

REMARQUE

L'acier est élastique, de ce fait le rayon de courbure obtenu sera toujours plus grand que le rayon du gabarit. Pour la même raison si l'on veut obtenir un angle de 90°, il faudra cintrer au-delà pour compenser ce retour dû à l'élasticité.

On tiendra compte de ce phénomène dans le choix de la forme

CHOIX DES PROFILES

Le choix des profilés s'effectue au moment de l'étude, c'est un facteur important pour la réalisation et la réussite de votre entreprise.

PRINCIPAUX CRITERES DE CHOIX

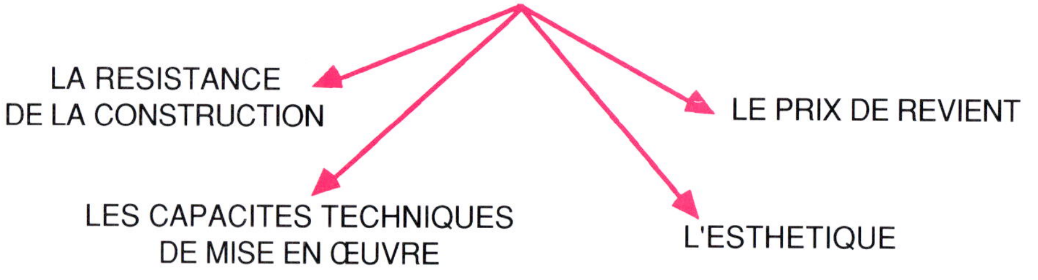

LA RESISTANCE D'UN PROFILE

Pour une longueur identique, c'est la forme de la section et non pas le poids qui détermine la résistance d'une barre.

EXEMPLE :
Poteau de soutènement - hauteur 3 m.

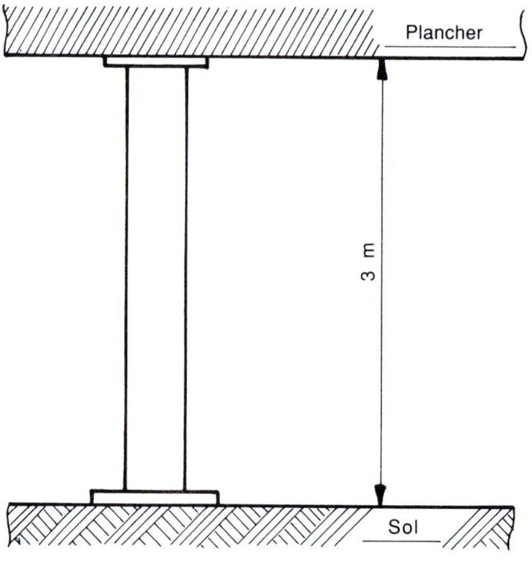

	Section du poteau	Poids au mètre	Charge admissible
○	88,9 ép. :4	8,43 kg	15 tonnes
□	80 x 80 ép. : 3,6	8,64 kg	14 tonnes
▭	100 x 50 ép. : 4	8,92 kg	8 tonnes
I	100 x 50 IPN	8,32 kg	3 tonnes

Le tableau ci-dessus montre à l'évidence l'influence de la forme sur la tenue du profilé.

LA CAPACITE DE MISE EN ŒUVRE

L'épaisseur déterminera beaucoup la capacité de mise en œuvre, autrement dit la possibilité de souder aisément ce profilé.

En dessous d'une épaisseur de 2 mm, la soudure à l'arc à l'électrode devient délicate.

A partir de 3 mm, la soudure devient plus facile.

La possibilité de le conformer peut être un élément déterminant dans le choix d'un profilé.

L'ESTHETIQUE

Il s'agit ici surtout d'appréciations toutes personnelles du "beau" mais une règle peut nous guider.

Le compliqué et le chargé ne sont pas forcément synonymes de beau.

En tout cas, pensez la réalisation dans son ensemble, pensez également à L'INTEGRER A SON ENVIRONNEMENT.

Modulez les sections, cela facilite le travail et donne de la vie en supprimant les platitudes.

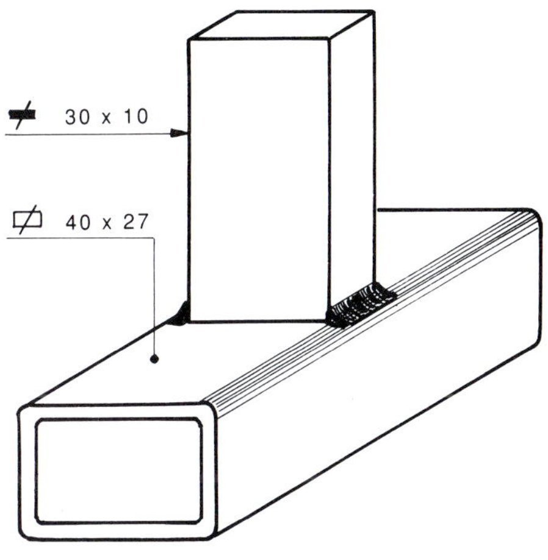

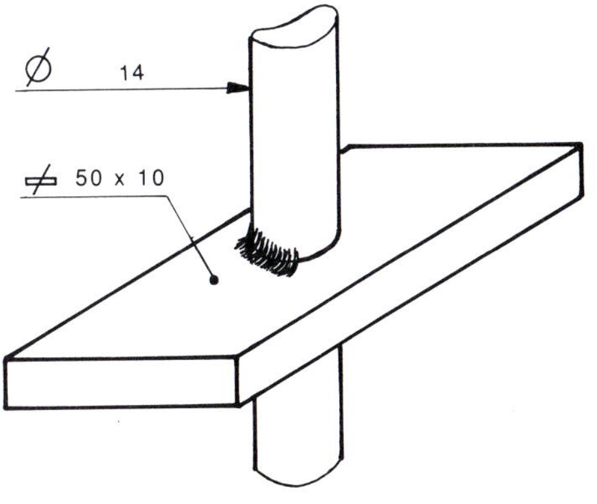

LE PRIX DE REVIENT

Même si "FAIRE SOI-MEME" est une réelle économie, le prix de revient est une notion importante qu'il ne faut surtout pas négliger.

Les profilés se vendent au kilo ou au mètre suivant les sections. N'hésitez pas à comparer le prix de revient d'une réalisation en faisant varier les sections. Les produits apparemment moins chers ne sont pas forcément les plus économiques. Cela dépend des ouvrages.

CONSTRUCTIONS DESTINEES A LA GALVANISATION

La galvanisation est une méthode de traitement antirouille des aciers par trempage des constructions préalablement décapées dans un bain de zinc en fusion.

D'un prix de revient raisonnable, ce traitement s'avère à moyen et long terme très économique surtout pour les ouvrages exposés aux intempéries. Peu ou pas d'entretien, durée de vie décuplée.

Toutes les réalisations en acier, à condition d'avoir été conçues à cette fin, sont galvanisables. Les bains de galvanisation de 6 m de long par 2 m de large ne sont pas rares.

EXEMPLE :
Traverses et montants d'un portillon.

Tube carré 40 x 40 x 2.

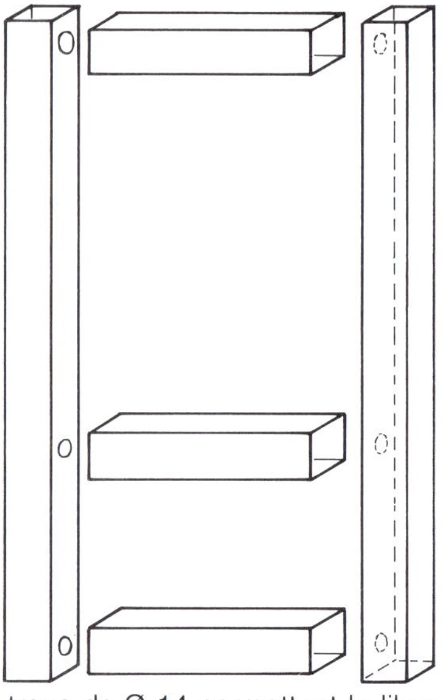

6 trous de Ø 14 permettant la libre circulation de l'air et du zinc liquide.

REMARQUE

Vous trouverez dans les pages jaunes de l'annuaire des P. et T. sous la rubrique "GALVANISATION", le galvaniseur le plus proche de chez vous.

REGLES A RESPECTER EN VUE D'UNE GALVANISATION

❑ Pas de corps creux fermés.

En effet, plongé dans un bain de zinc fondu à 450°, l'atmosphère et les vapeurs prisonnières de ce corps peuvent le faire exploser.

Toutes les parties creuses seront donc largement communiquantes entre elles et avec l'air libre.

❑ Eviter les superpositions.

Si l'on superpose des profilés sans possibilité de circulation du traitement entre les parois, cela constitue un "nid à rouille" où la corrosion se développera rapidement.

EXEMPLE :
Soudage d'une patte sur un tube.

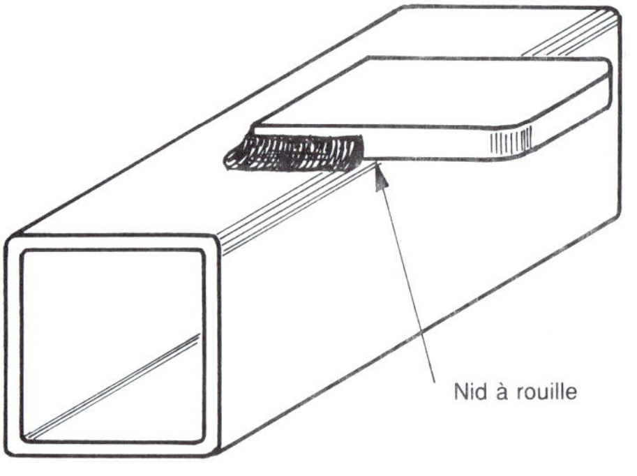

Pas de traitement possible entre la patte et le tube, la rouille s'y développera.

SOLUTIONS

a) Souder la patte entièrement pour fermer l'interface. Solution acceptable mais avec risques de déformations plus importantes.

b) Modifier la conception quand cela est possible.

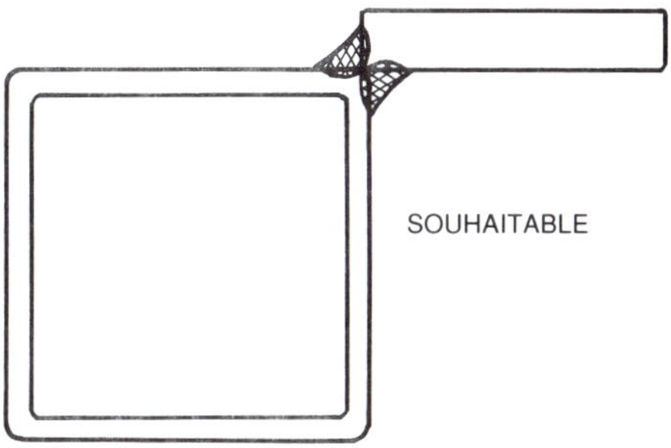

❑ Supprimer les arêtes vives et surtout les bavures.

REMARQUE

Cette règle est également valable pour les réalisations destinées à la peinture.

Comportement du film protecteur sur une arête.

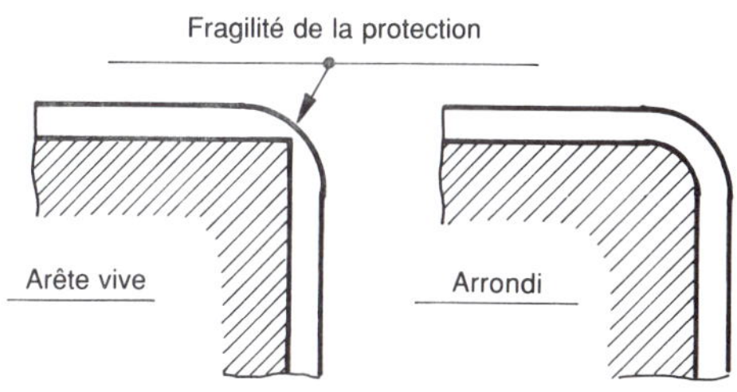

MAUVAIS. BON.

❑ Eliminer soigneusement les traces de laitier.

Principalement en début et fin de cordon, la galvanisation n'adhère pas sur le laitier, ce qui constitue à nouveau un "nid à rouille".

❑ Trous de passage 5/10 de mm plus grands.

Effectuer des trous de passage plus grands et utiliser une boulonnerie zinguée.

RESUME

Pas de corps creux fermés

Eviter les superpositions

Supprimer bavures et arêtes vives.

Eliminer toutes traces de laitier.

Trous de passage 5/10 plus grands et boulonnerie zinguée.

REMARQUE

Pour des raisons de décoration ou pour retoucher des blessures, on est parfois amené à peindre sur la galvanisation.

Il est alors impératif d'utiliser des peintures spéciales, peintures à haute teneur en poudre de zinc.

REPARATIONS EN SOUDURE

Un objet, une pièce est brisée, j'entreprends de le réparer par soudure.

La première question qui doit venir à l'esprit, même si cela peut paraître élémentaire, est :

Ce métal est-il soudable ?

car, si en théorie, tous les matériaux fusibles sont soudables, il est souvent nécessaire de mettre en œuvre des moyens et des techniques hors du commun.

IDENTIFIER LE METAL A SOUDER

En l'absence d'indications précises de la part du fabricant du métal ou de l'objet en question, il vous faudra jouer au détective, vous poser les questions qui suivent, effectuer des tests et par associations et recoupements d'observations précises, prononcer votre diagnostic.

NATURE DU METAL ?

Identification à la couleur, à l'aspect extérieur, par comparaison avec un matériau connu.

ATTENTION

Dans les fabrications modernes, les traitements de surface sont nombreux et peuvent être trompeurs.

UNE ASTUCE

L'acier est magnétique même au travers de ses revêtements, un aimant, vous permettra de le reconnaître aisément.

LA PIECE ETAIT-ELLE DEJA SOUDEE OU EST-ELLE SOUDEE PAR AILLEURS ?

Les formes de la pièce peuvent donner une idée sur sa constitution, les pièces moulées en fonte ou en aluminium poseront des problèmes délicats.

IDENTIFICATION D'UN ACIER PAR ETINCELLAGE

Meuler un acier ou une fonte provoque des étincelles, l'observation de ces projections de métal brutalement chauffées et arrachées peut renseigner sur les caractéristiques de la pièce.

RECOMMANDATION

Cette méthode reste approximative et il faut de l'expérience. Procédez par comparaison en meulant en parallèle un échantillon d'acier connu.

IDENTIFIER UN ACIER AU SON

Là encore on procèdera par comparai-

Adaptation d'un système de relevage : réparation d'une barre de coupe.

Chaufreiner l'ancienne soudure.

Ressouder.

son. Prenez une chute de laminé marchand.

EXEMPLE :

Fer plat 20 x 5.

Laissez-la tomber sur un sol dur. Identifiez bien le son produit.

Recommencez avec une vieille lime démanchée. Le son est beaucoup plus clair. Vous avez là un moyen d'identification un peu empirique mais quelquefois bien pratique.

ATTENTION

Un acier est dit soudable quand sa teneur en carbone est inférieure à 0,35%. Au-delà, il est nécessaire de prendre des précautions et d'utiliser des électrodes spéciales.

Toutes ces méthodes restent approximatives et il convient d'être prudent. Aussi, un test de soudure directement sur la pièce peut être une bonne confirmation de soudabilité du matériau.

Si la pièce est identifiée comme soudable, la deuxième question est :

Puis-je souder cette pièce ?

Cela dépend essentiellement des moyens dont on dispose et des techniques que l'on maîtrise. Nous arrivons là au choix du procédé.

CHOIX DU PROCEDE

Si les pièces sont de même nature, il peut être **AUTOGENE.**

Si les pièces sont de natures différentes,

Si les pièces sont fines,

Si l'on veut limiter la chauffe ou ne pas les fondre,

il sera **HETEROGENE.**

Il s'agit maintenant d'appliquer les études des chapitres précédents.

DIAGNOSTIC D'UNE REPARATION

Avant d'entreprendre la réparation, il est important de comprendre pourquoi la pièce a cassé.

Si le bris est accidentel, on peut admettre que ressouder suffira et on interviendra pour que l'accident ne se reproduise plus.

Si la casse est le résultat d'un usage normal, il y a certainement vice de conception ou de fabrication, et là encore il faut intervenir pour remédier à cet état de fait.

LA DEMARCHE SERA DONC :

Diagnostiquer la casse.

Réparer la pièce brisée ou usée.

Remédier pour éviter une nouvelle détérioration.

RAPPELEZ-VOUS.

Une pièce ressoudée ne peut être plus résistante qu'une pièce neuve.

Mais quelle satisfaction que de redonner vie à une épave, et combien d'heureux vous ferez en ressoudant les petits malheurs !

LE RECHARGEMENT DUR

Bien que s'apparentant fortement au soudage, cette technique ne l'est pas vraiment puisque l'on n'assemble pas de pièces.

Le rechargement consiste à déposer à la surface des pièces un métal d'une grande dureté résistant bien à l'abrasion.

Le rechargement dur peut donc être utilisé à titre préventif sur pièces neuves mais le plus souvent, c'est pour compenser un début d'usure que l'on pratique le rechargement.

DOMAINE D'APPLICATION

Toutes pièces d'acier peu sensibles aux déformations dues au soudage.

EXEMPLES : soc de charrue, fraise, tarière et autres instruments aratoires.

CHOIX DES ELECTRODES

Tous les grands fabricants d'électrodes proposent dans leurs catalogues un ou plusieurs types d'électrodes de rechargement dur, adaptés aux diverses situations.

INTENSITE DE SOUDAGE NECESSAIRE

Généralement un peu plus faible à diamètres identiques.

En tout cas, consulter la notice d'utilisation sur le paquet.

EXECUTION DES PASSES

Afin de limiter les déformations, on adoptera des passes larges ou étroites selon le type de pièces.

Reconstitution par apport de métal dur de la lèvre d'attaque d'une tarière.

EFFECTUER :
soit des cordons longs et étroits.

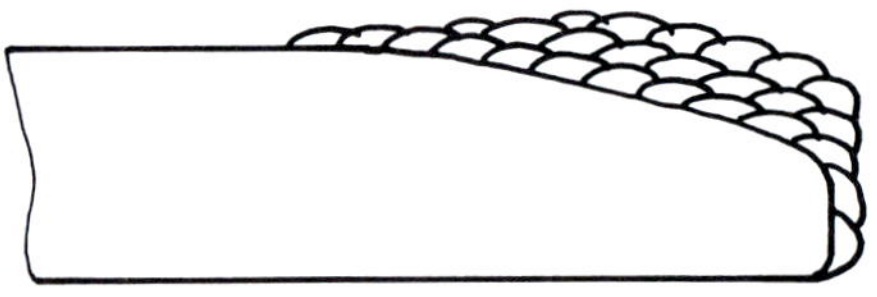

soit des cordons larges mais courts.

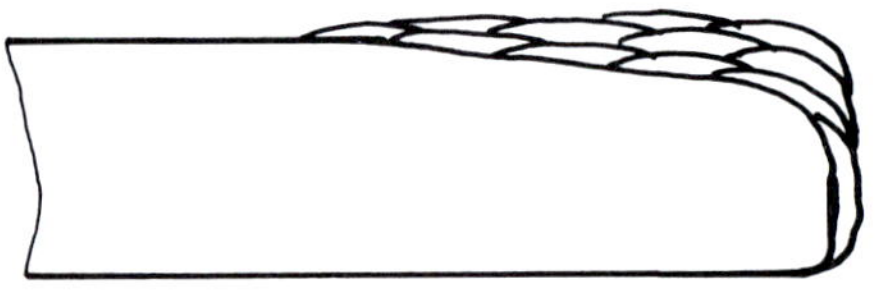

REMARQUE

Les cordons larges présentent un meilleur état de surface.

UNE ASTUCE

Surveillez l'usure, intervenez plutôt souvent mais peu et la vie de vos pièces sera décuplée.

ATTENTION

Ces électrodes sont exclusivement réservées au rechargement et sont impropres à effectuer une liaison car le métal déposé est très cassant.

Veillez à ne pas les mélanger à d'autres.

APPLICATIONS DU RECHARGEMENT

PIECE NEUVE : POSSIBLE.

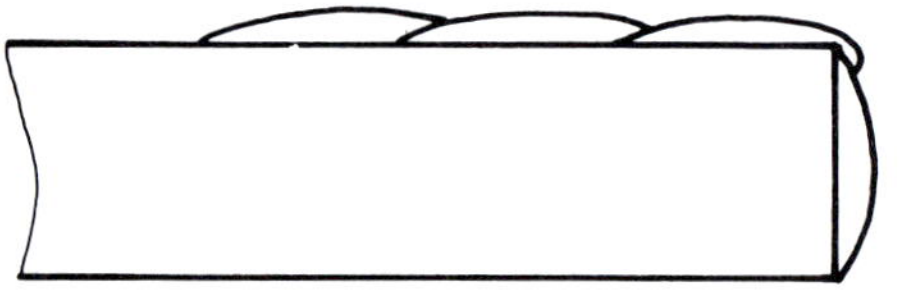

DEBUT D'USURE : SOUHAITABLE car il est alors possible de localiser exactement l'usure, donc le rechargement.

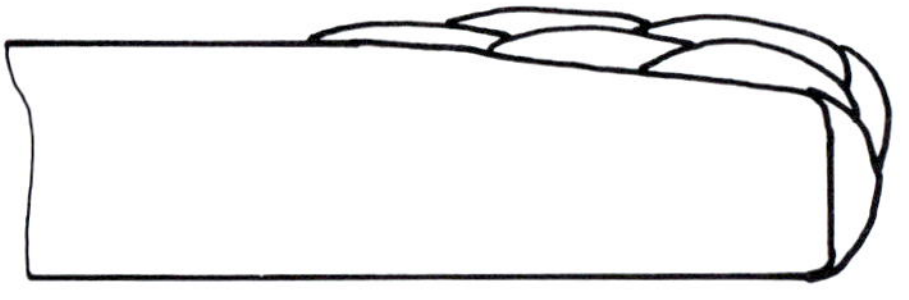

PIECE TROP USEE : DIFFICILEMENT REPARABLE.

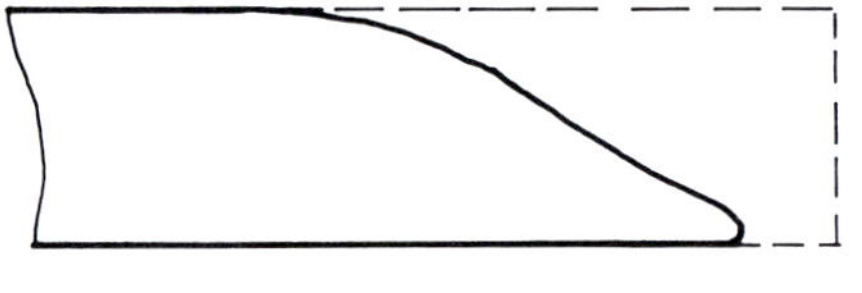

REMARQUE

Du fait de ses caractéristiques, le métal déposé n'est plus usinable à la lime ou à l'outil. Si une rectification est nécessaire, seule la meule convient.

DEFORMATIONS EN SOUDURE

Les déformations en soudure sont essentiellement dues à l'élévation de température nécessaire au soudage. C'est donc dans les phénomènes de dilatation et de retrait du métal qu'il faut chercher les causes et les remèdes à ces déformations.

LES CAUSES ET EFFETS

DILATATION DES PIECES SOUDEES

Entre le moment où l'on positionne les pièces et le moment où elles sont solidarisées par la soudure, il se produit une dilatation, ce qui équivaut à souder des pièces qui ne sont plus parfaitement en place.

EXEMPLE : sur une soudure bord à bord.

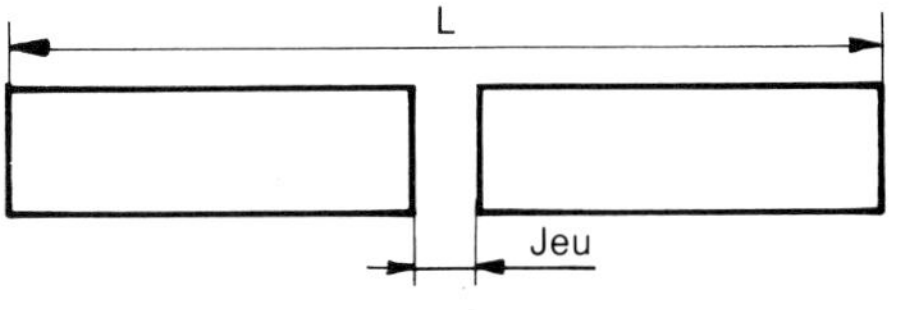

❑ Positionnement à 20°.

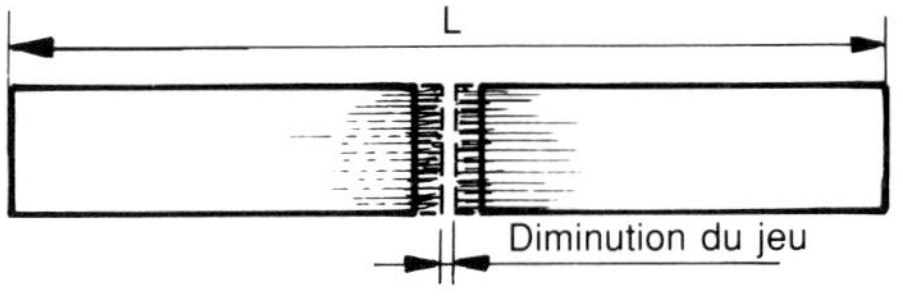

❑ Chauffage 1 450° (avant fusion).
Diminution du jeu due à la dilatation des bords.

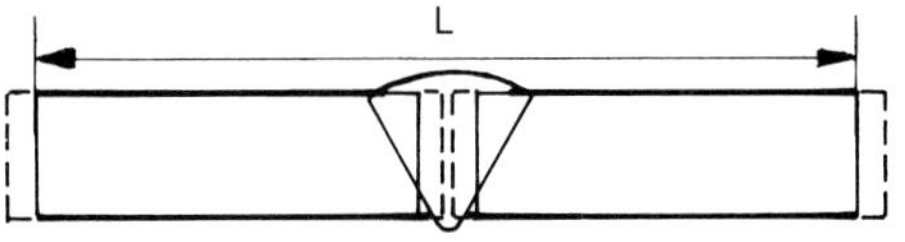

❑ Soudage sur jeu restreint.
Après refroidissement la cote L aura diminué.

RETRAIT DU METAL DEPOSE

Pendant la soudure, le métal est déposé liquide ; dès la solidification à 1 450° il entame, avec le refroidissement, un phénomène de retrait, donc une diminution de longueur.

EXEMPLE : soudure en angle intérieur.

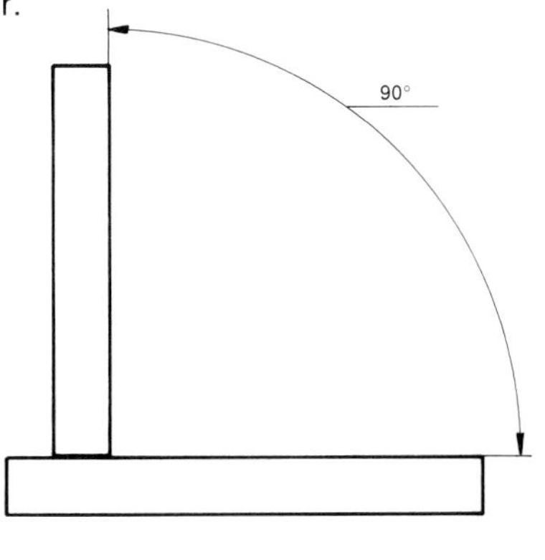

❑ Positionnement à 20°.

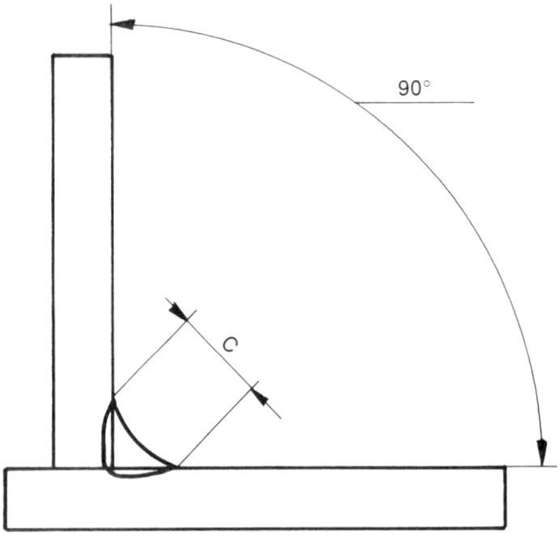

❑ Soudure et dépôt de métal 1 450°.

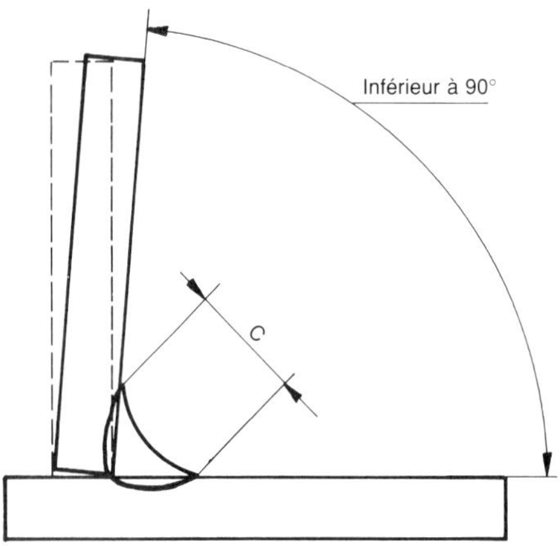

Au refroidissement, la cote C diminue et ferme l'angle en tirant sur les pièces.

EFFET DE FORGEAGE

Pendant la période de chauffage, donc de dilatation, située entre 600° et 1 450°, le métal devient malléable, donc facilement déformable, particulièrement à hautes températures.

Si la dilatation ne peut s'effectuer, il y a déformation par forgeage ; après refroidissement les pièces ne retrouveront plus leur forme originelle.

EXEMPLE : soudure d'un bossage sur un tube.

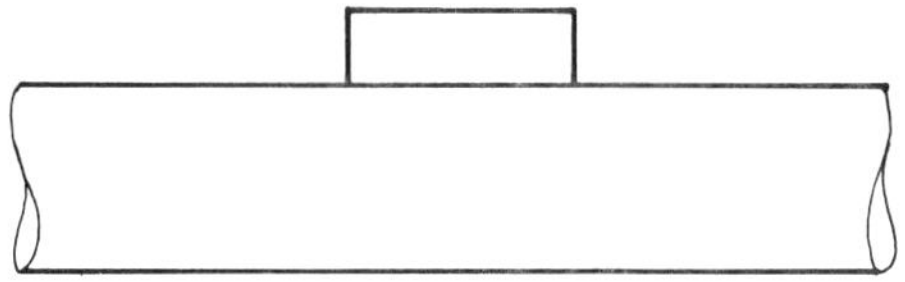

MISE EN POSITION : le tube est droit.

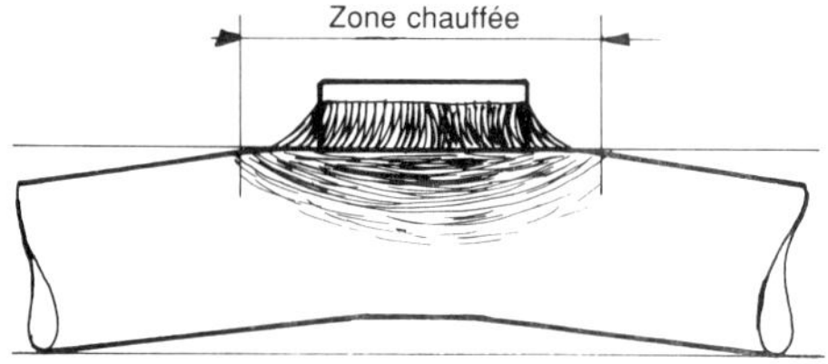

SOUDURE.

La dilatation de la zone chauffée ne peut s'effectuer du fait de la résistance du profilé.

Il y a tassement (forgeage) de la zone chauffée.

Après refroidissement, ce tassement ne disparaîtra pas totalement, entraînant une déformation.

On voit qu'avec un peu de réflexion, il est possible de prévoir le sens des déformations, mais il est beaucoup plus délicat d'en prévoir l'ampleur, car les causes se combinent et s'additionnent souvent entre elles.

LES REMEDES

AVANT LA SOUDURE

Lors de la mise en position : placer un jeu pour la soudure en tenant compte des causes (1) et (3). Jeu également souhaitable à la pénétration.

Lors du maintien en position : brider solidement les pièces en tenant compte de la cause (2).

Pointer les pièces selon le schéma ci-dessous.

Tenez compte également des déformations résiduelles existantes dans les barres pour les corriger et non les accentuer.

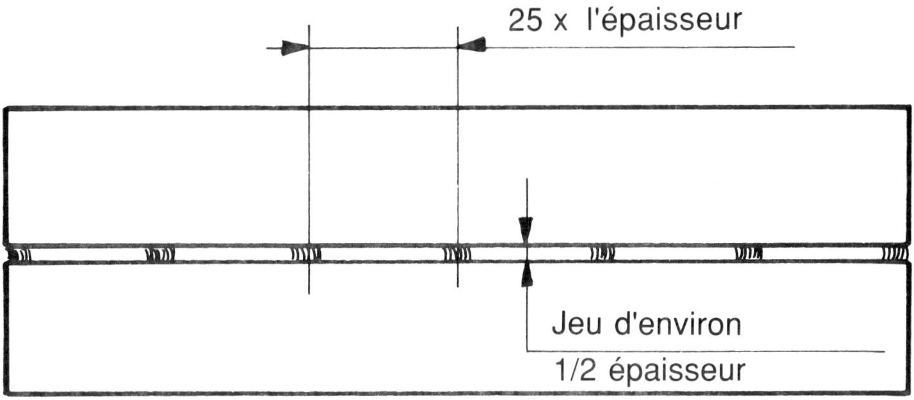

PENDANT LA SOUDURE

Alterner les cordons de soudure pour en contrarier les effets et donc limiter les déformations.

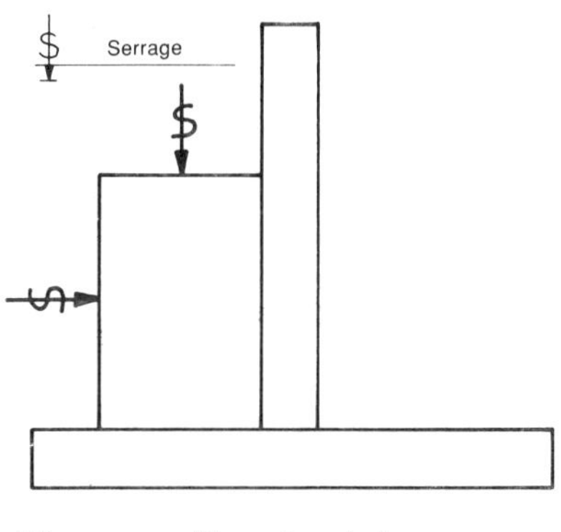

Mise en position et maintien.

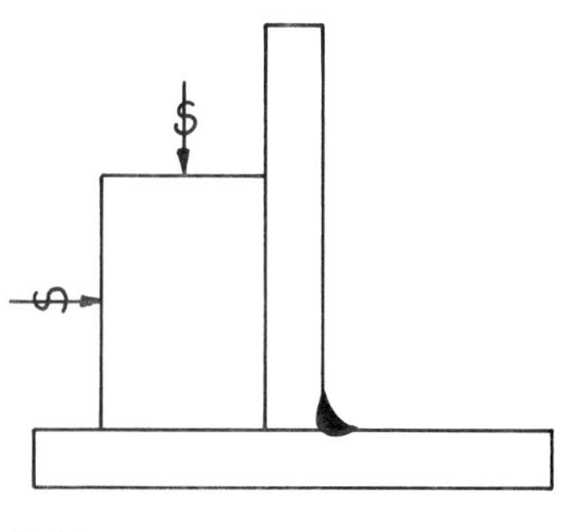

Pointage.

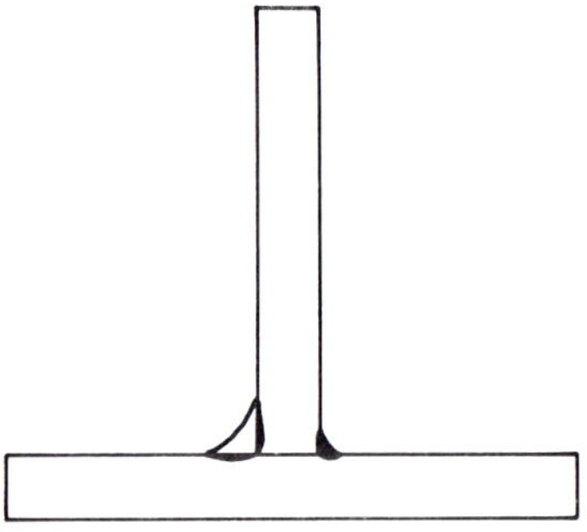

Soudure opposée au pointage.

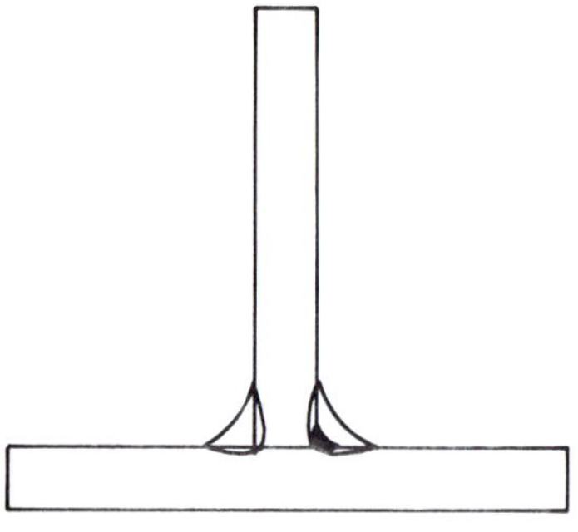

Soudure sur le pointage.

APRES LA SOUDURE

Il est quasi impossible d'éviter totalement les déformations, toutes ces précautions ont pour but de les limiter et surtout de les rendre rectifiables après soudure.

❑ Rectification par chocs ou par pression.

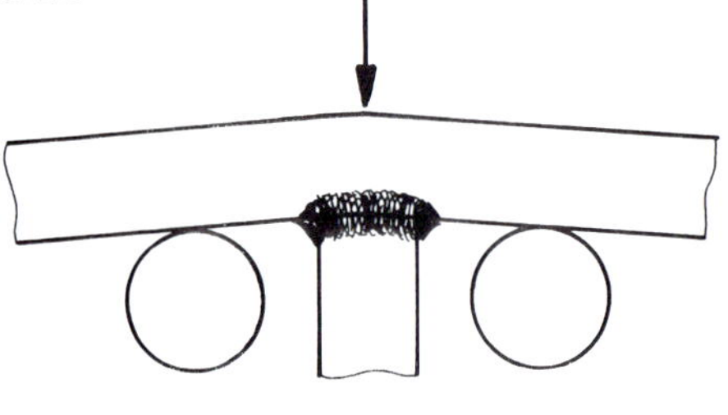

PAR CHAUDES DE RETRAIT OU SOUDURE A L'OPPOSE

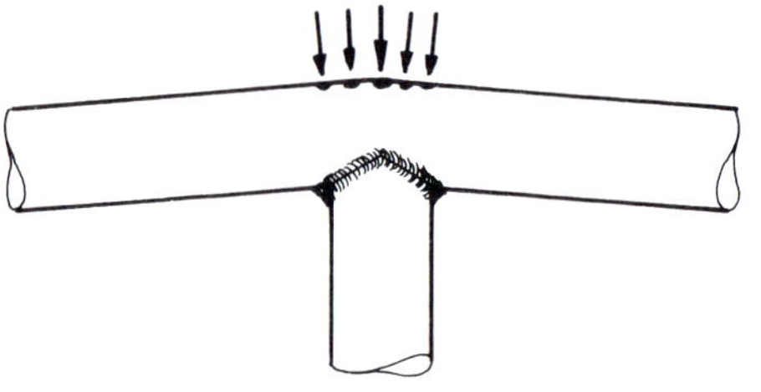

Cette méthode s'applique principalement sur les tubes.

De petits points de chauffe successifs suivis d'un refroidissement brutal provoquent les mêmes déformations qu'une soudure mais à l'opposé.

REGLE GENERALE

Ne soudez jamais des pièces qui ne sont pas en parfaite position.

N'emprisonnez pas de déformations.

Procédez à l'assemblage de sous-ensembles, corrigez les déformations puis procédez au soudage de l'ensemble.

EXEMPLE : soudage d'un cadre.

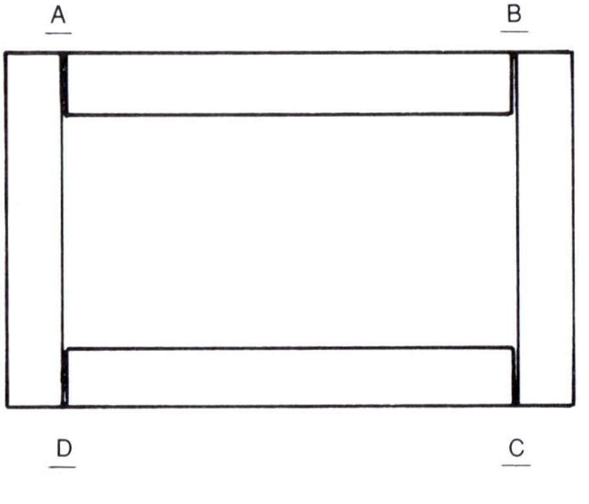

METHODE :

Souder A.

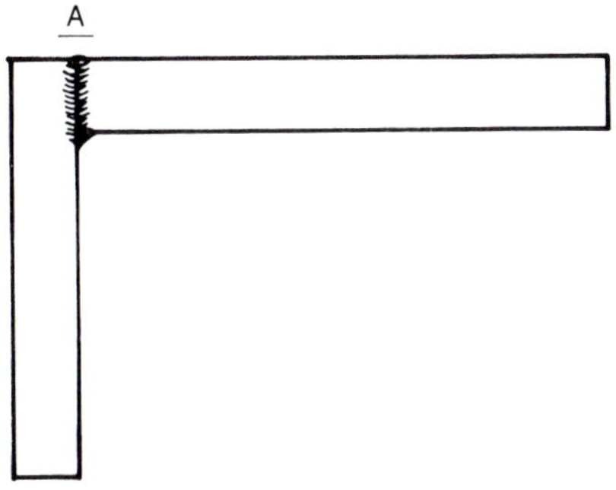

Souder C.

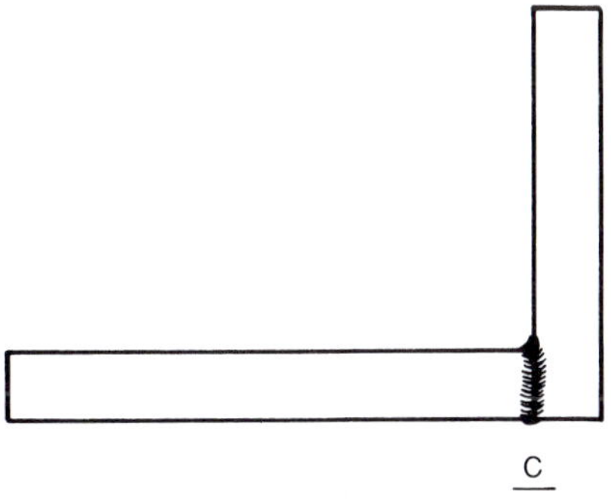

Corriger A et C.

Souder B et D en alternant les cordons de soudure.

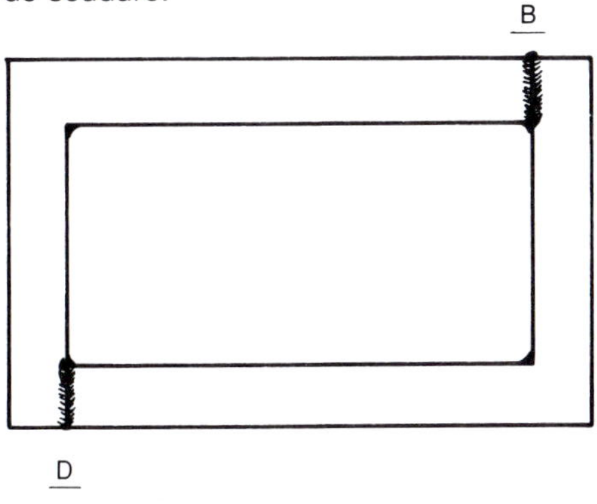

REMARQUE

Lors du soudage de B et D, veiller à la planéité du cadre.

MODIFICATION DE L'ANGLE EN FONCTION DU SENS DE SOUDAGE

❑ Avant soudage.

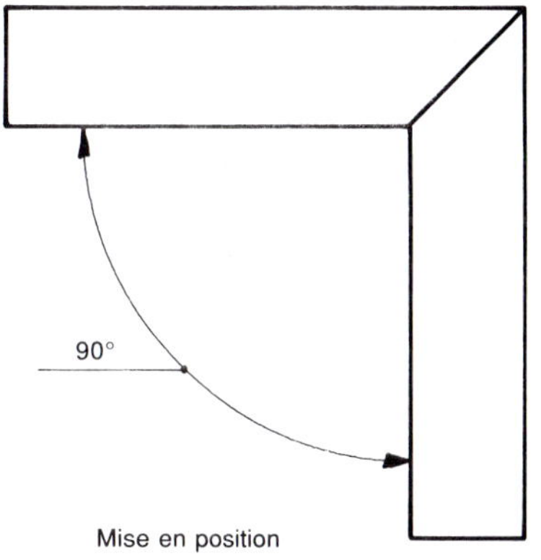

Mise en position.

❑ Après soudage en fonction du sens.

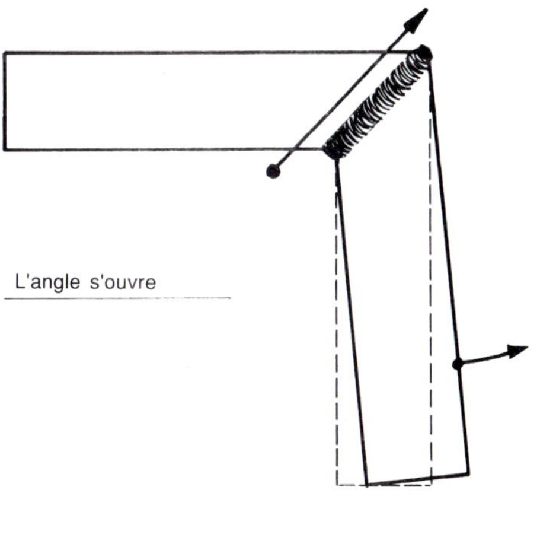

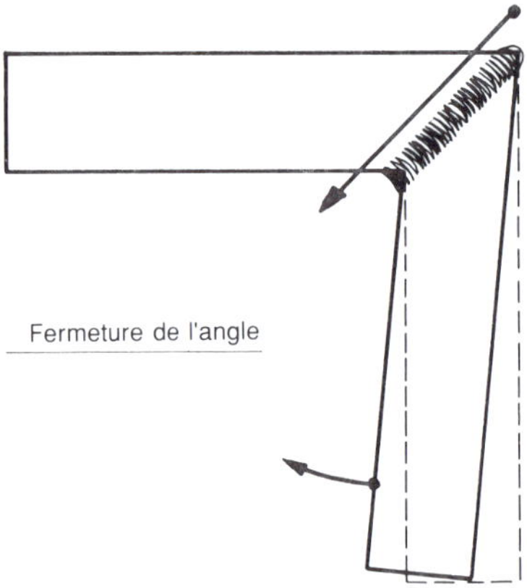

UNE ASTUCE

On préfèrera une déformation qui ferme l'angle , celle-ci étant plus facile à corriger après refroidissement de la pièce, par martelage et allongement de l'intérieur de l'angle.

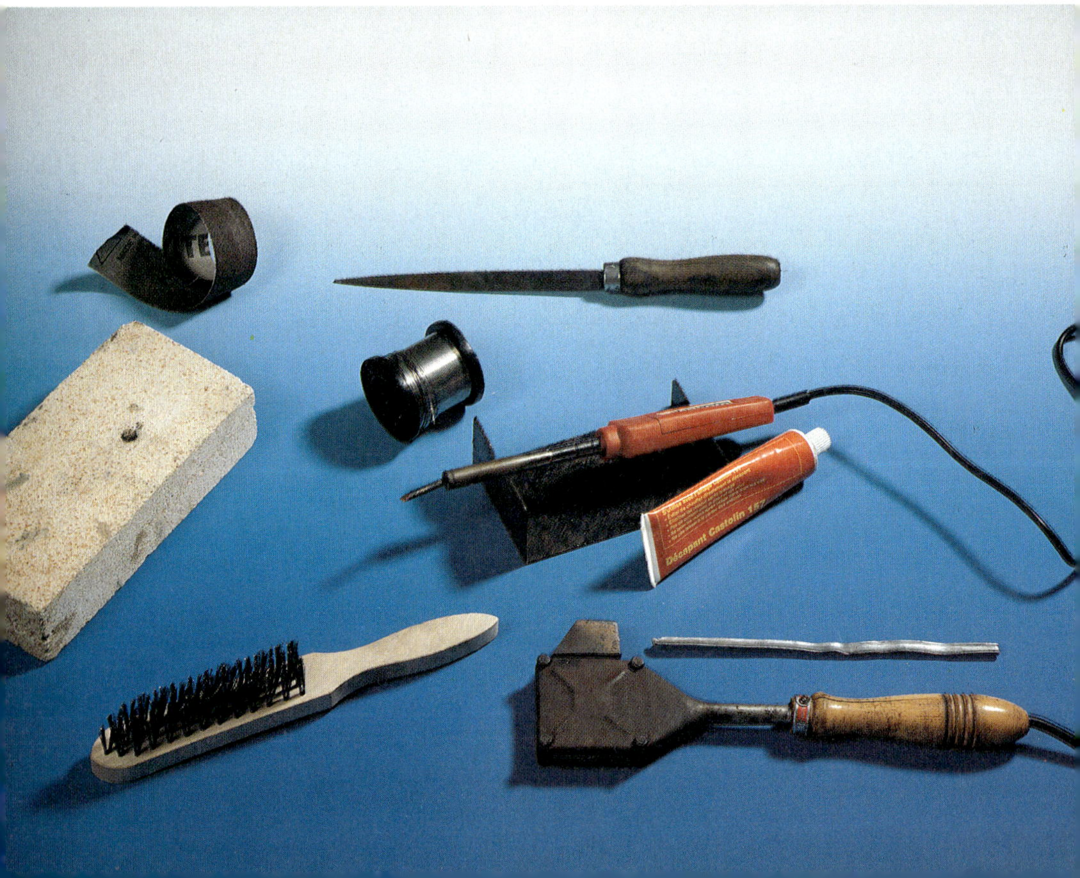

LA SOUDURE A L'ETAIN OU BRASURE TENDRE

Cette méthode de soudure dite "A L'ETAIN" en rapport avec le métal d'apport utilisé, est en réalité une soudure hétérogène puisqu'elle permet d'assembler des pièces métalliques sans les fondre.

Les règles d'exécution et les techniques de base à respecter seront rigoureusement les mêmes.

Le grand intérêt de cette soudure est le point de fusion relativement bas des métaux d'apport utilisés, entre 180° et 250°, et, de ce fait, la necéssité d'une source de chaleur relativement modeste.

RAPPEL

Décaper parfaitement les parties à souder.
Chauffer à une température légèrement supérieure au point de fusion du métal d'apport utilisé.
Utiliser le décapant correspondant au métal d'apport utilisé.

La difficulté sera la propreté des parties à souder. Là encore décaper sera la règle première.

UNE ASTUCE

L'étamage préalable des parties à souder.

EXEMPLE : soudage d'un écrou en laiton sur une barrette en laiton.

❑ Assemblage à réaliser.

❑ Préparation.

Décapage et étamage des parties qui seront en contact.

❑ Mise en position.

Placer en contact les parties étamées en intercalant un peu de décapant.

❑ Soudure.

Chauffage avec légère pression.

Après soudage, on éliminera le surplus de décapant. En effet, celui-ci est un produit chimique et pourrait, avec le temps, corroder les pièces et la soudure.

ENTRETIEN DU MATERIEL

Après utilisation du fer à souder et avant son refroidissement, on étamera la "panne" (extrémité active du fer) de façon à la conserver bien propre et en parfait état.

NOTE

On rencontre de plus en plus sur le marché "grand public" des alliages à très bas point de fusion (parfois moins de 180°) dont les capacités peuvent paraître surprenantes. Ils sont issus en droite ligne des milieux professionnels et ne sont donc pas à négliger. Ce sont là des retombées technologiques intéressantes pour les bricoleurs avertis, mais il vous faudra différencier les alliages de qualité et les produits miracles. Seule la notice technique où le fabricant décrit dans le détail les domaines d'utilisation et le mode d'emploi permet de faire cette distinction.

LES REALISATIONS

Après une étude minutieuse, après avoir établi dessins, croquis et tracés ;

Réaliser c'est :

DEBITER

CONFORMER

USINER

SOUDER

TRAITER

REALISER DES ASSEMBLAGES

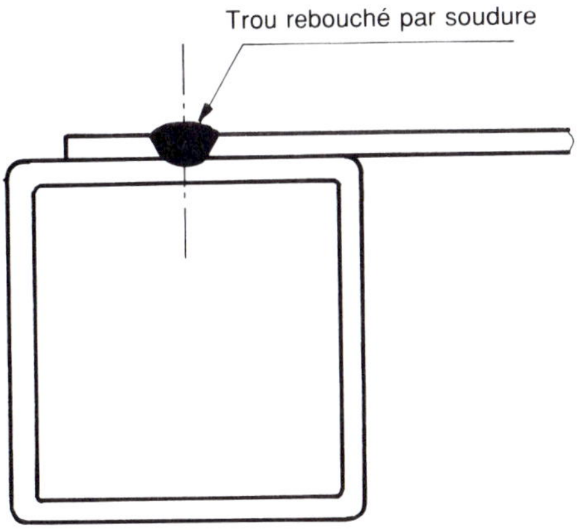

LE RIVET SOUDE

UN PLI SOUDE

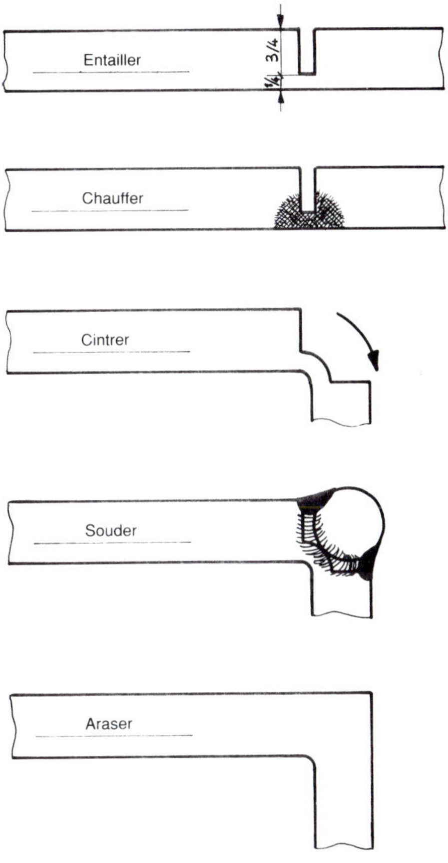

Utilisée en ferronnerie, cette méthode permet d'obtenir des plis très décoratifs pour des barreaux ou des éléments de grille.

ASSEMBLAGE SUR TUBES CYLINDRIQUES

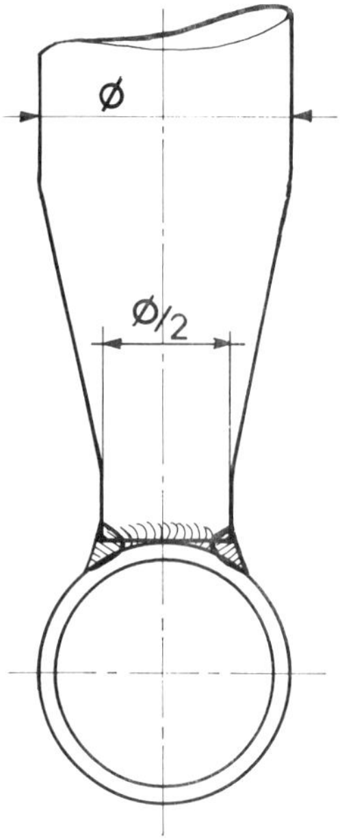

Cette méthode d'assemblage très résistante, évite une préparation fastidieuse et facilite l'exécution de la soudure.

SOUDER UN GOUSSET

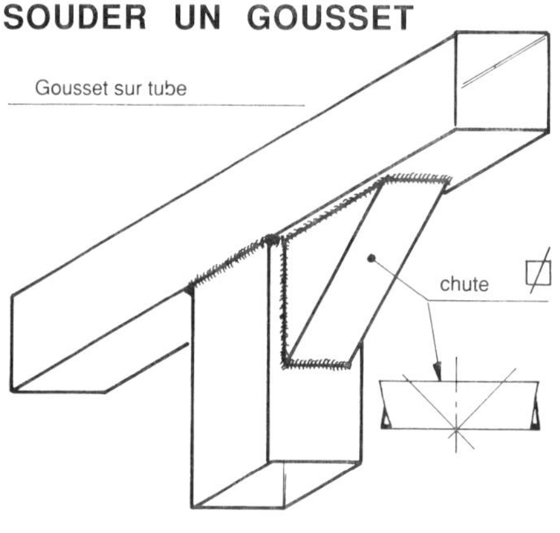

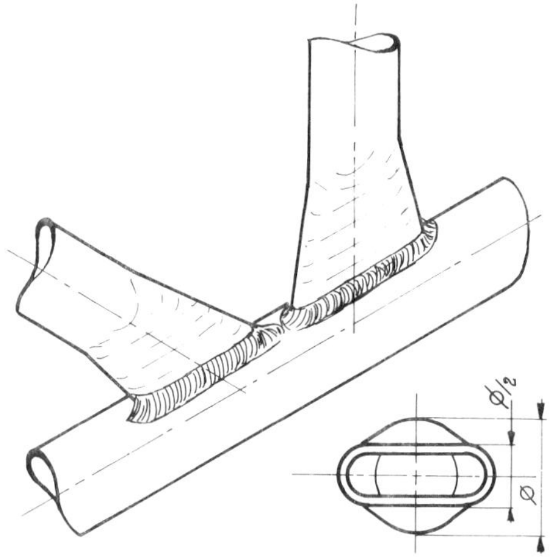

PLI SOUDE EN TUBE CARRE

Pratique mais peu précis.

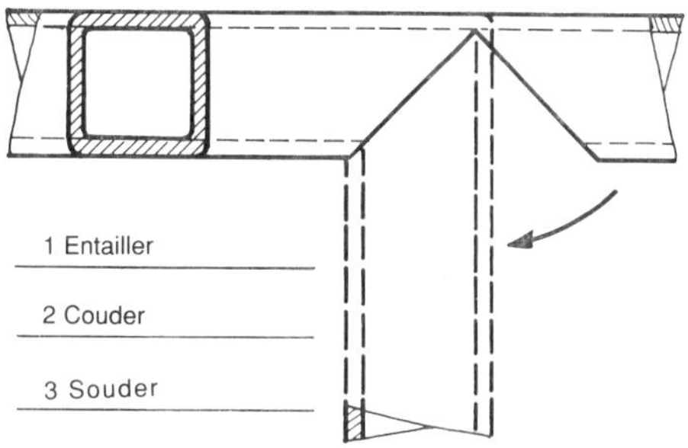

PLI SOUDE EN CORNIERE

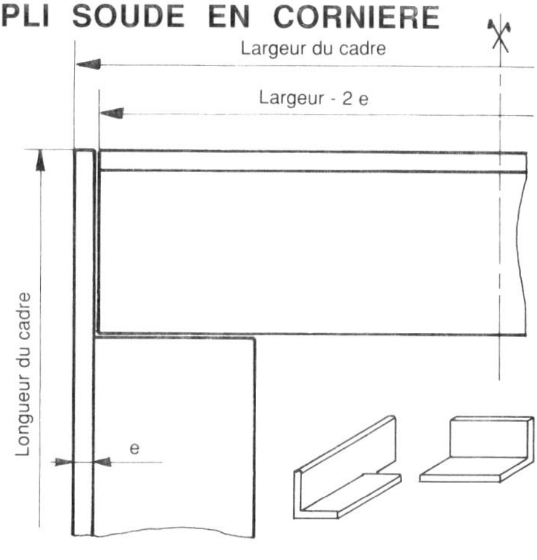

REALISER UNE ETAGERE

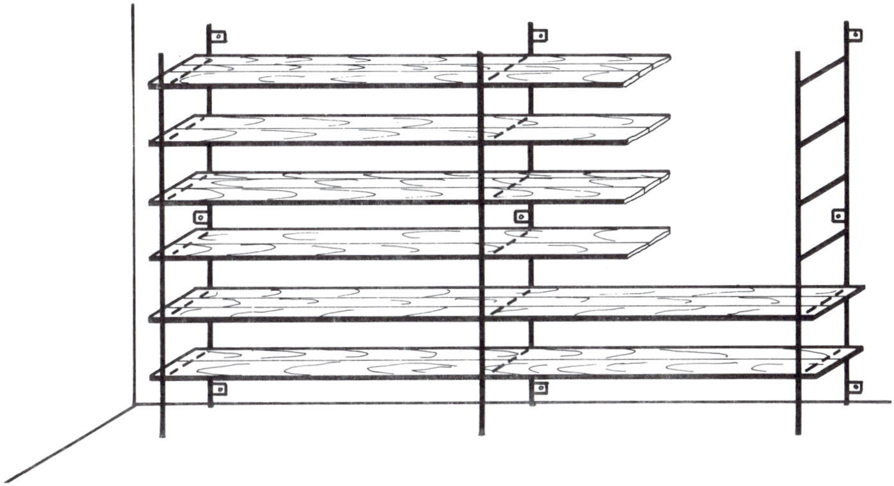

MATIERE

- Tube carré 30 x 30 x 2
- Fer rond Ø 10 mm
- Fer plat 40 x 5 (chutes)
- Planches ép. 22 ou 27 mm suivant la portée (intervalle entre les échelles).

REMARQUE

Pour les plateaux, on préférera des planches à du panneau de particules, celles-ci ayant une meilleure tenue à la flexion.

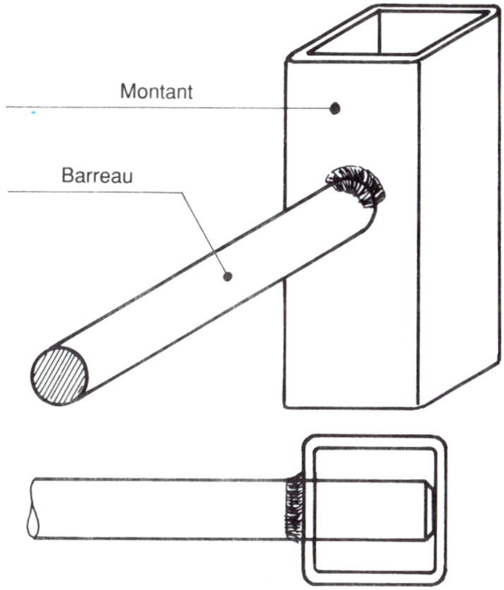

TRACER, DEBITER

- Les montants en tube carré
- Les barreaux en fer rond
- Les pattes et les pièces en fer plat
- Ebavurer.

On remarquera que le barreau est en butée au fond du tube. Débité avec précision, il permettra un positionnement facile lors du soudage.

TRACER

- L'axe des trous sur les tubes
- L'axe des trous sur les pattes
- La position des pattes.

NOTE

Repérez bien vos surfaces de références, SR1 et SR2. Tracez les montants par paire (p. 52).

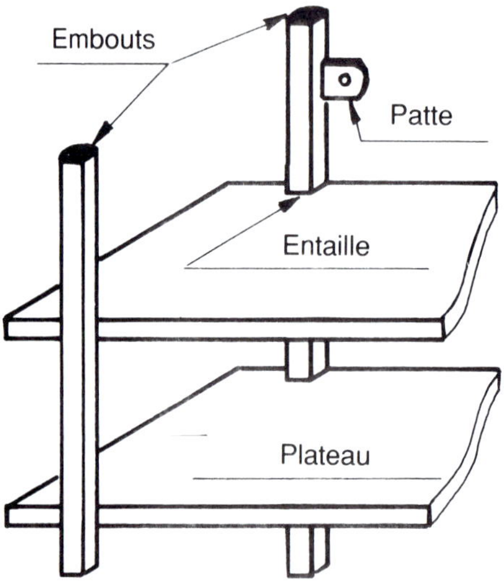

L'entaille à l'arrière du plateau permet son immobilisation latérale.

USINER

- Percer les trous
- Chanfreiner les barreaux.

SOUDER

Electrode Ø 2 mm ou 2,5 mm
- Souder les pattes et les pieds
- Redresser les tubes s'il y a lieu.

Souder les barreaux. Un cordon de 10 mm suffira, on le placera sur la partie supérieure de façon à le dissimuler par le plateau.

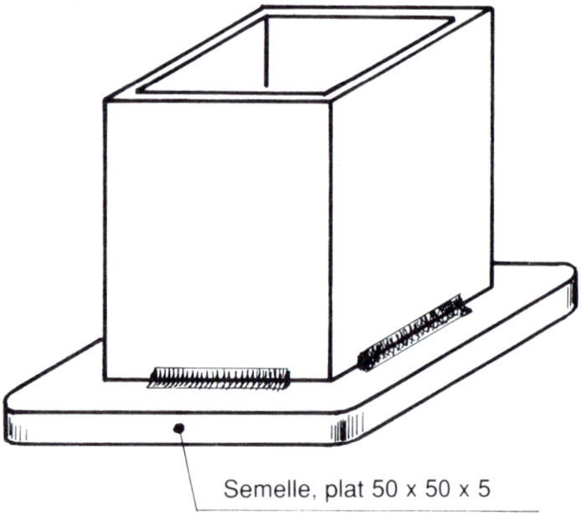

Autre façon de placer les pattes si l'on veut cacher les soudures.

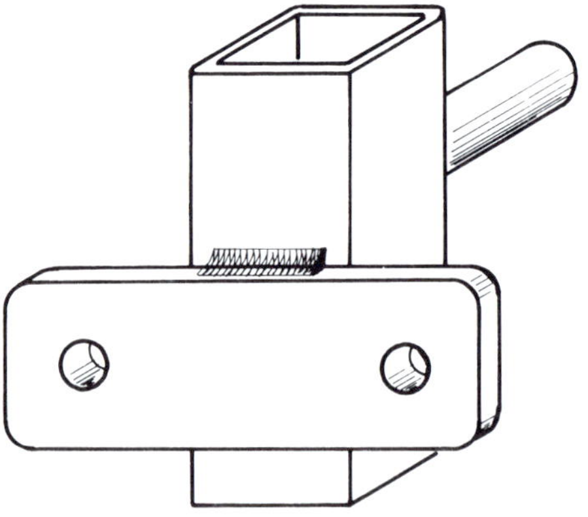

QUINCAILLERIE

Bouchons plastique pour tube carré de 30 x 30 x 2.

Cheville Ø 10

Vis bois Ø 6.

Peinture.

TRAITER

Brosser les soudures.

Une couche d'antirouille plus une ou deux couches de laque suivant usage.

On notera que suivant le soin apporté à la fabrication, cette étagère peut être intégrée à un décor contemporain. Les plateaux seront alors de pin naturel raboté ou de verre. Dans ce cas, on intercalera une pastille de liège adhésive entre le barreau et le verre.

REALISER UNE TABLE DE TRAVAIL

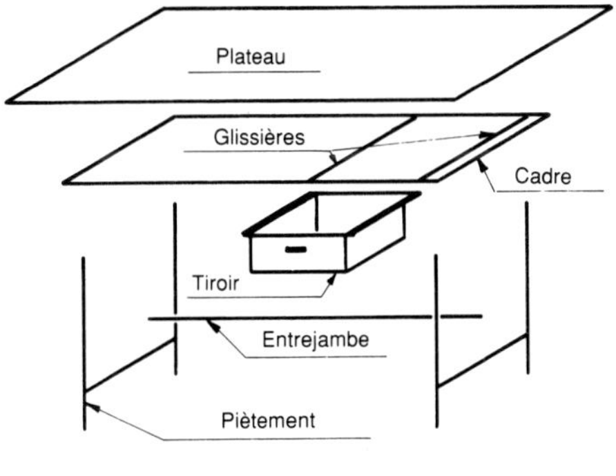

MATIERE

❑ PLATEAU : panneau bois à votre convenance.

❑ CADRE :
tube carré de 40 x 40 x 2.

❑ PIETEMENT :
tube carré de 40 x 40 x 2 et tube rectangulaire de 40 x 27 x 2.

❑ GLISSIERES :
cornière inégale de 30 x 15 x 3.

❑ ACCESSOIRES :
- chutes de tôle de 70 x 70 x 3
- ou embouts plastique
- vis bois Ø 6 mm tête ronde
- boulon Ø 6 mm.

❑ ELECTRODES :
Ø 2 mm ou 2,5 mm.

ETUDE

Déterminer les dimensions de la table, l'emplacement du tiroir (hauteur standard 0,76 m), la nature et l'épaisseur du plateau. Faites des croquis.

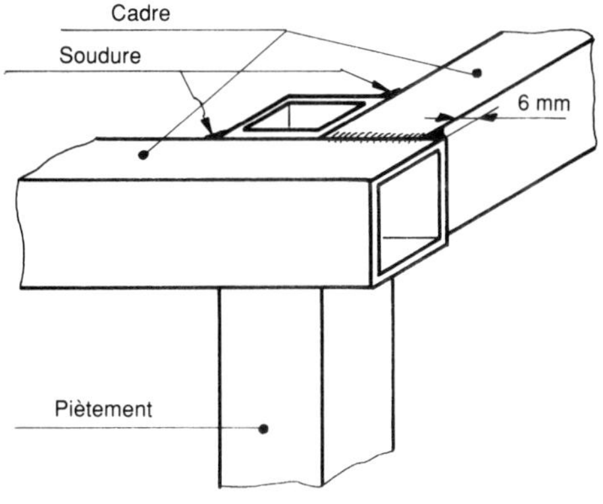

TRACER

- Les cotes de débit
- Les emplacements des trous.

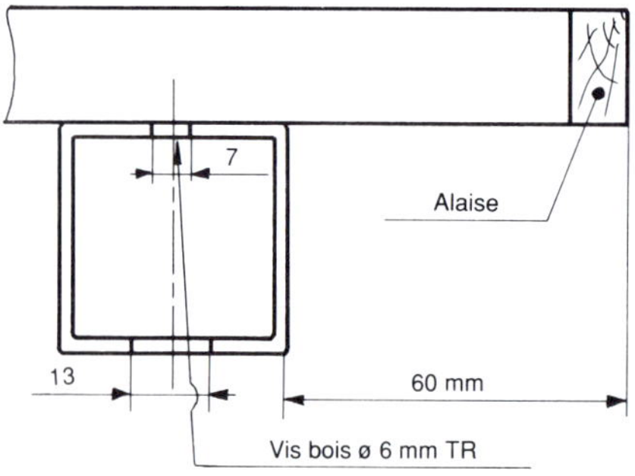

> *REMARQUE*
>
> *En fonction des dimensions de la table à réaliser et afin d'obtenir un minimum de chutes, on tiendra compte dans le débit de la longueur des barres dont on dispose.*
> *Barre standard : 6 m.*
> *Ainsi le petit côté du cadre peut être réalisé au tube rectangulaire 40 x 27.*

DEBITER

- Repérer les barres au feutre ou à la craie
- Ebavurer les coupes.

USINER

- Percer les trous
- Ebavurer les perçages.

SOUDER

- Souder le cadre selon la méthode exposée p. 72 et 73.

- Souder les glissières en veillant tout particulièrement au parallélisme.

> *REMARQUE*
>
> *On ne soudera pas l'intérieur des angles pour faciliter la mise en position des pieds, la soudure ultérieure des piètements assurant largement la solidité de l'assemblage.*

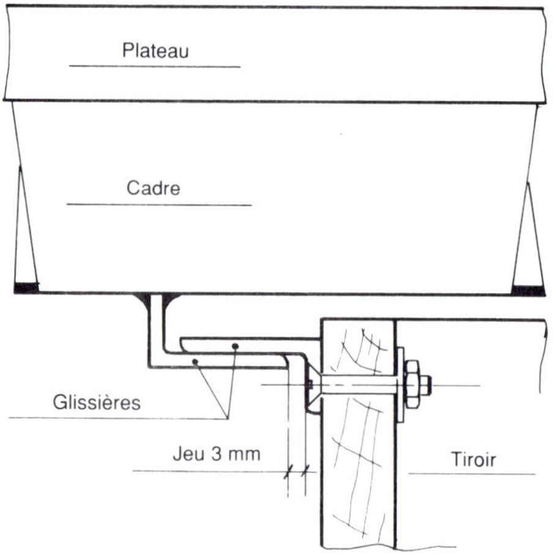

- Souder les piètements sans fixer les plaques ou les patins
- Souder les piètements sur le cadre.

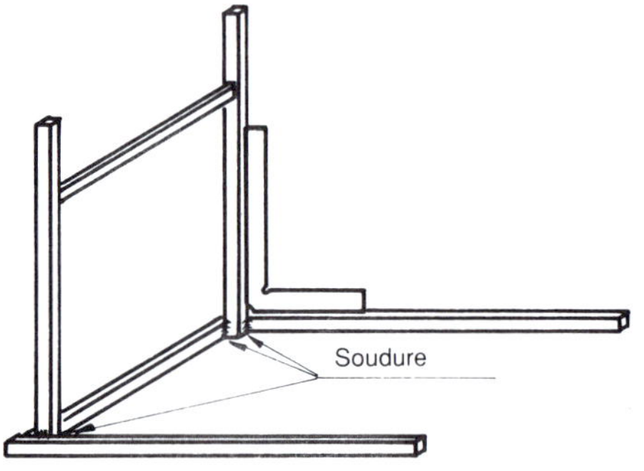

- Souder l'entrejambe.

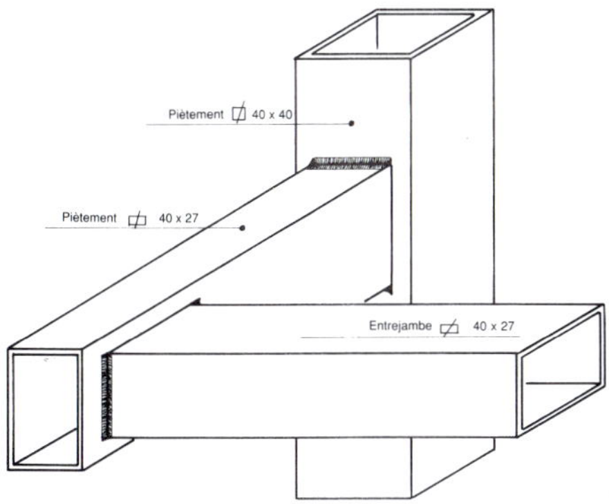

- Souder les patins.

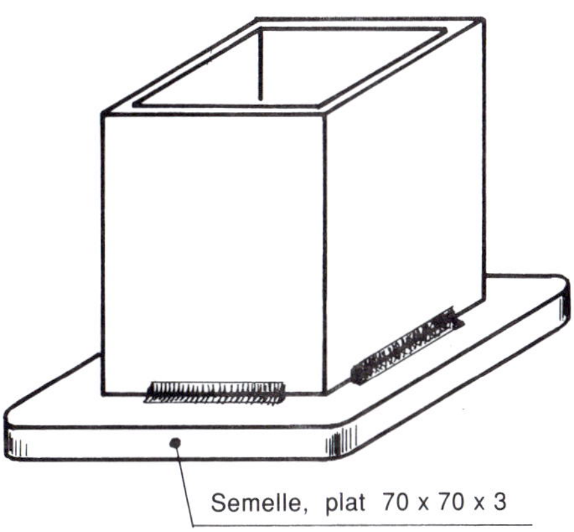

MONTER

- Les glissières sur le tiroir
- Les butoirs sur le plateau.

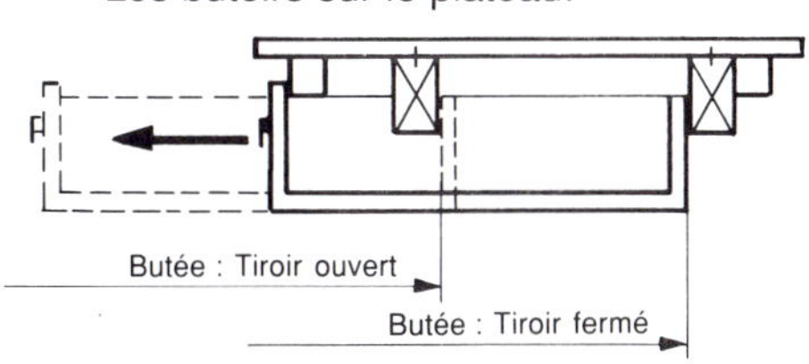

- Placer le tiroir
- Monter le plateau.

TRAITER

- 1 couche de peinture antirouille
- 1 ou 2 couches de peinture décorative.

REMARQUE

Avant le montage du plateau, comme avant le montage des glissières sur le tiroir, on passera une couche d'antirouille sur les parties inaccessibles après montage.

REALISER DES TRETEAUX

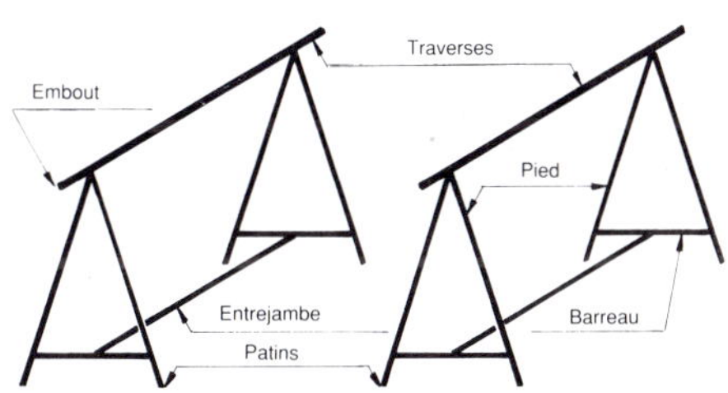

MATIERE POUR DEUX TRETEAUX

- Tube "gaz" Ø 33,7 (1 pouce), 2 m
- Tube "gaz" Ø 26,9 (3/4 pouce), 6,40 m
- Tube "gaz" Ø 21,3 (1/2 pouce), 3,50 m.

TRACER L'EPURE D'UN PIED

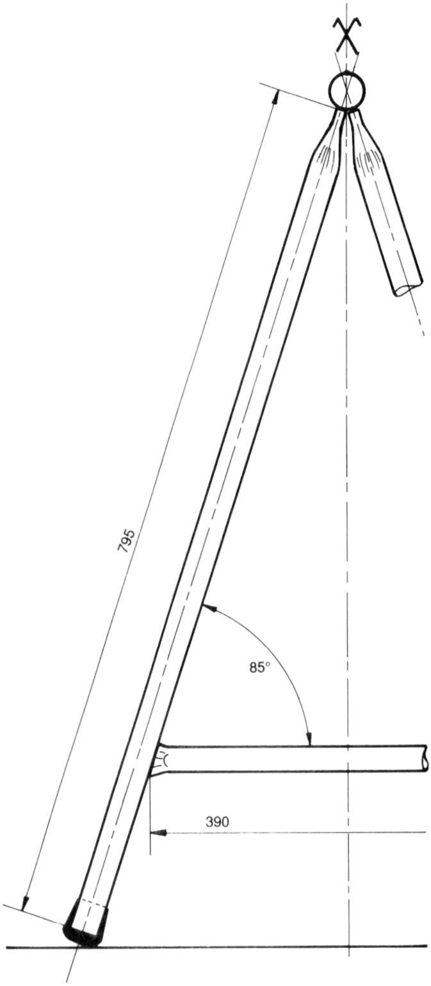

Cette épure, à l'échelle 1, permet de déterminer avec précision les dimensions, les formes et les angles de coupe de chaque pièce du piètement. Réalisée sur un panneau particules, ou mieux, sur une tôle épaisse, elle pourra servir de gabarit pour le pointage des pièces en position.

TRACER, DEBITER

- Les traverses, tube Ø 33,7 : 2 x 1 000
- Les pieds, tube Ø 26,9 : 8 x 795
- Les entrejambes, tube Ø 21,3 : 2 x 729
- Les barreaux, tube Ø 21,3 : 4 x 390.
- EBAVURER.

CONFORMER : APLATIR

- Les pieds, sur un côté
- Les barreaux, sur deux côtés
- Les entrejambes, sur deux côtés.

Ecrasement à l'étau sur la moitié du diamètre.

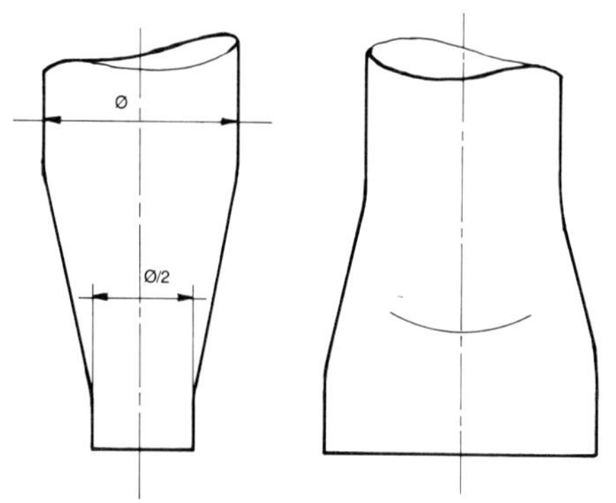

ARASER

- Les barreaux à 85°.

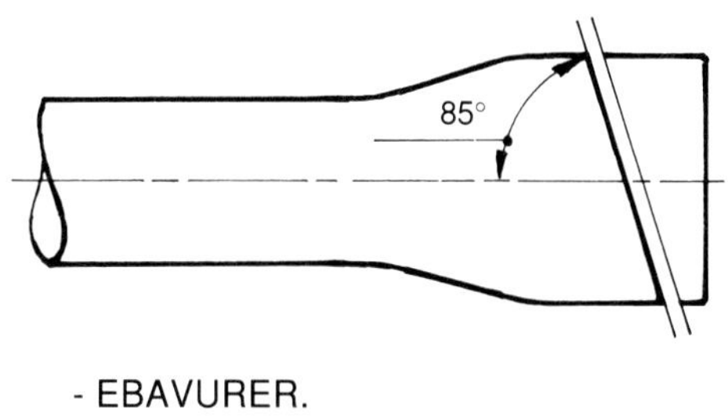

- EBAVURER.

SOUDER

Electrodes Ø 2,5.
- SOUDER LES PIEDS.

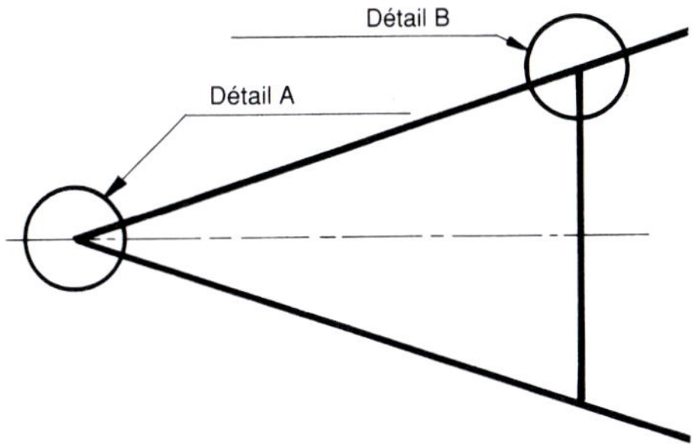

Détail A

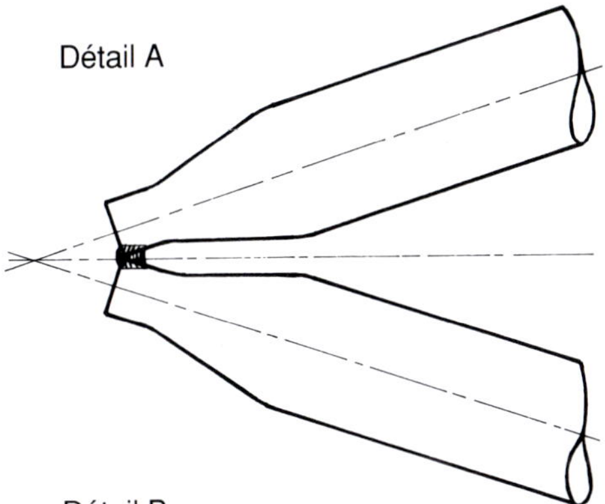

Détail B

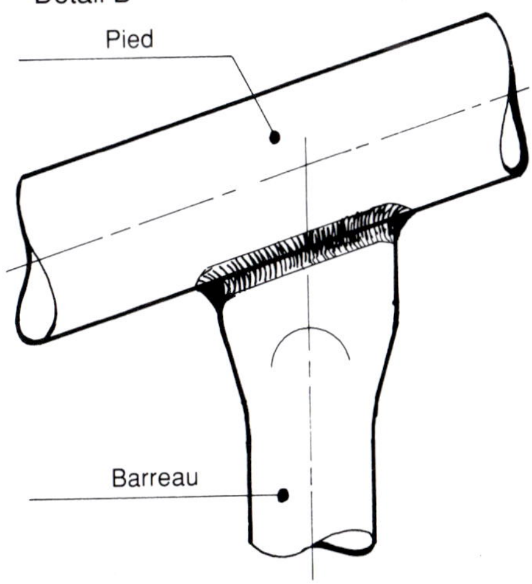

- SOUDER LES PIEDS SUR LES TRAVERSES

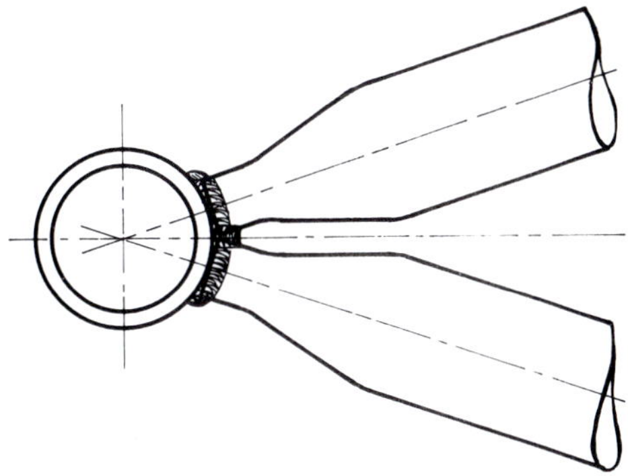

- SOUDER L'ENTREJAMBE

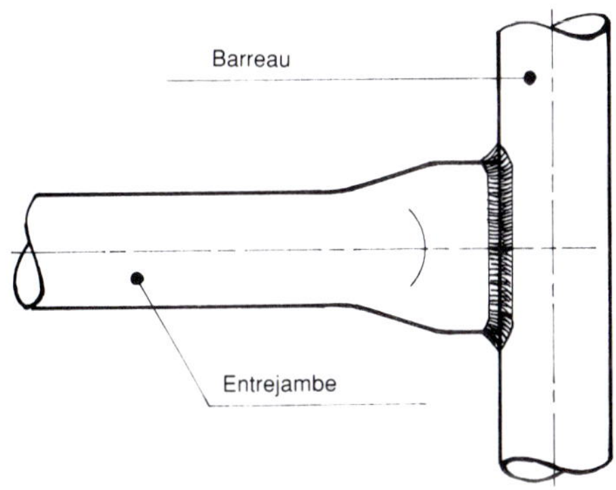

QUINCAILLERIE

- Patins pour tube Ø 26,9 : 8
- Embouts pour tube Ø 33,7 : 4.

REMARQUE

En déplaçant l'entrejambe jusqu'aux pieds comme l'indique la figure ci-après, les tréteaux deviennent gerbables et encombrent moins au stockage.

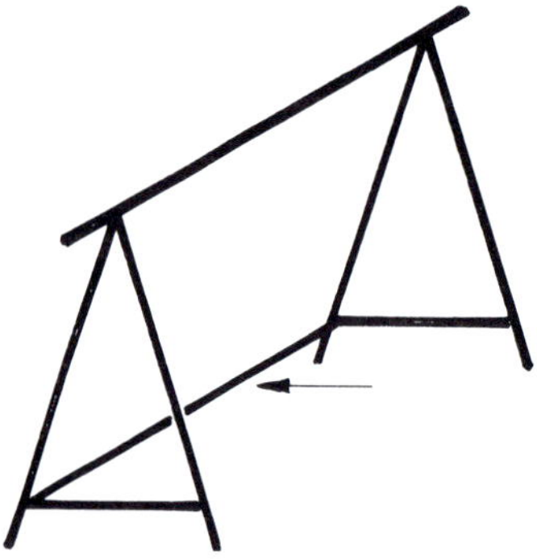

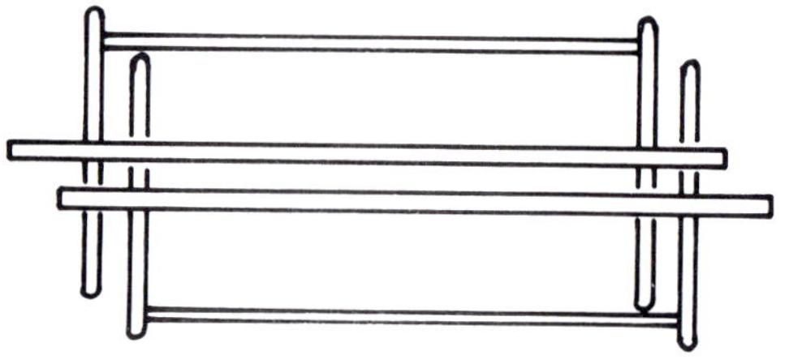

REALISER UNE GRILLE DE SOUPIRAIL

But : interdire le passage.

STRUCTURE DE BASE

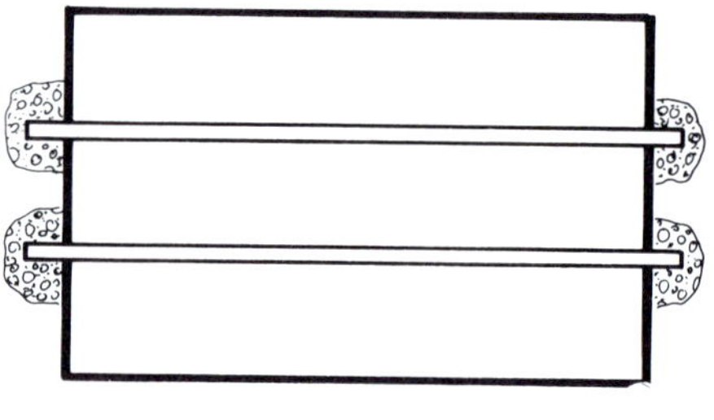

Une, deux ou plusieurs barres d'un profilé résistant à la flexion.

Ex. : fer plat de 40 x 10 ou 30 x 10 ; fer carré de 16 ou 14 mm en fonction de la longueur.

ATTENTION

La position du motif décoratif doit permettre la mise en place de la grille.

FIXATION

Scellement en tableau

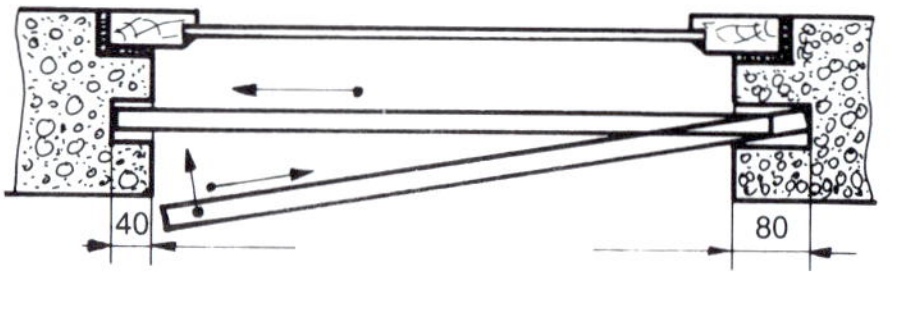

ELEMENTS DECORATIFS

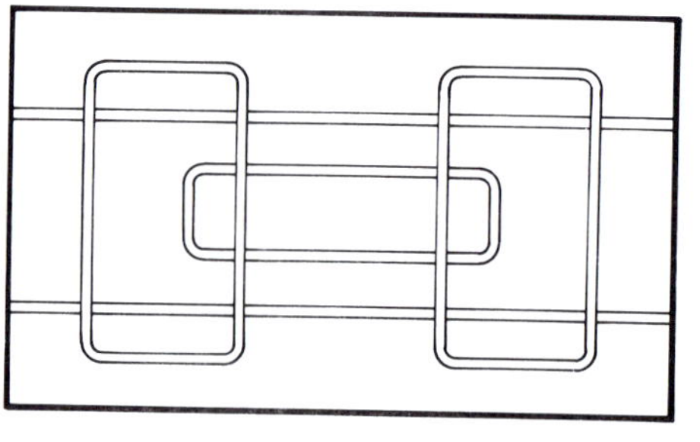

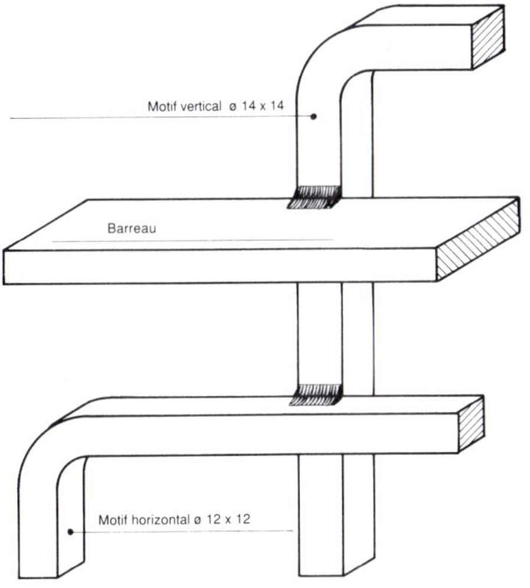

SOUDAGE

- Electrode Ø 3,15 mm
- Méthode : automatique manuelle.

REALISER UN PORTAIL

STRUCTURE DE BASE

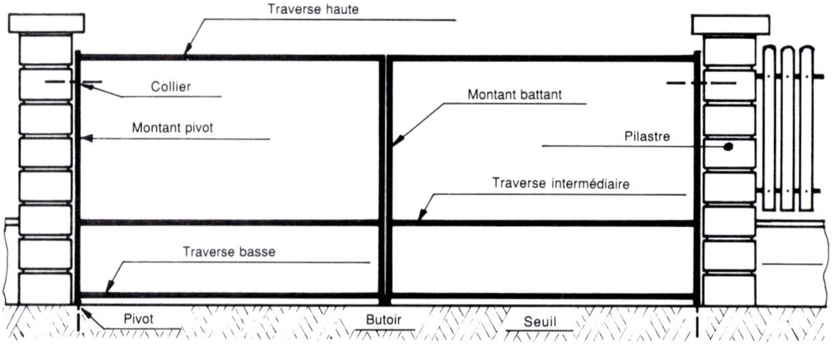

❑ MATIERE

Le meilleur choix réside dans un tube de section carrée : 40 x 40 x 2.

Sa rigité est bonne, sa mise en œuvre simple et son épaisseur facilement soudable. D'autre part, on trouve dans le commerce des accessoires comme les serrures encastrables, s'adaptant parfaitement à ces dimensions.

REMARQUE

Comme nous le verrons dans les exemples présentés plus loin, les traverses intermédiaires ne sont pas indispensables. Elles contribueront néanmoins à la rigidité de l'ensemble et offrent sur le plan esthétique une continuité avec les murets de maçonnerie parfois situés de part et d'autre du portail.

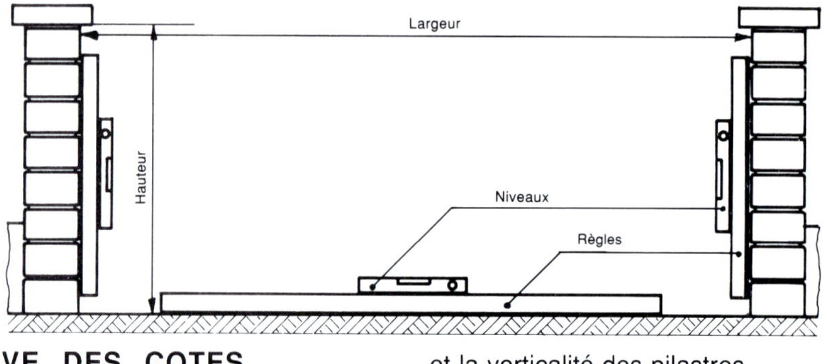

RELEVE DES COTES

On distinguera deux types de relevés :

❑ LE RELEVE GEOMETRIQUE

Il consiste, à l'aide d'une règle et d'un niveau, à contrôler l'horizontalité du seuil et la verticalité des pilastres.

❑ LE RELEVE DIMENSIONNEL

Tenant compte des éventuels défauts de géométrie, il permet de déterminer les dimensions dans lesquelles viendra s'inscrire l'ouvrage.

PREPARATION DU TRAVAIL

Il est possible de déterminer les cotes de l'ouvrage et les dimensions des barres par calcul mais la méthode la plus sûre est certainement d'effectuer un traçage à l'échelle 1 de l'ouvrage en coupe sur une bande de carton ou mieux sur une latte de panneau particules.

❑ TRACAGE SUR BANDE DE LA COUPE HORIZONTALE

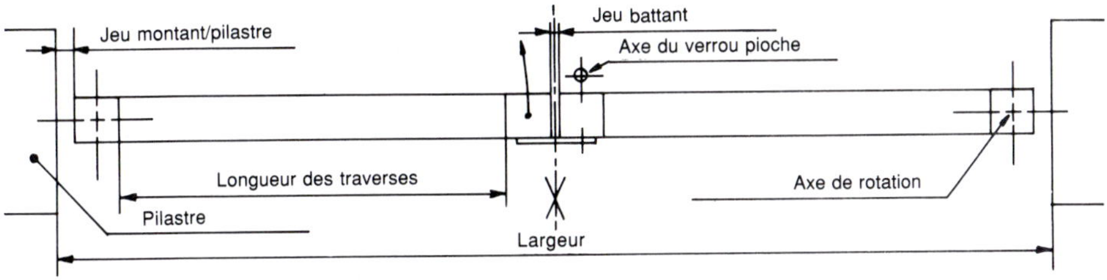

DETAIL DU JEU BATTANT

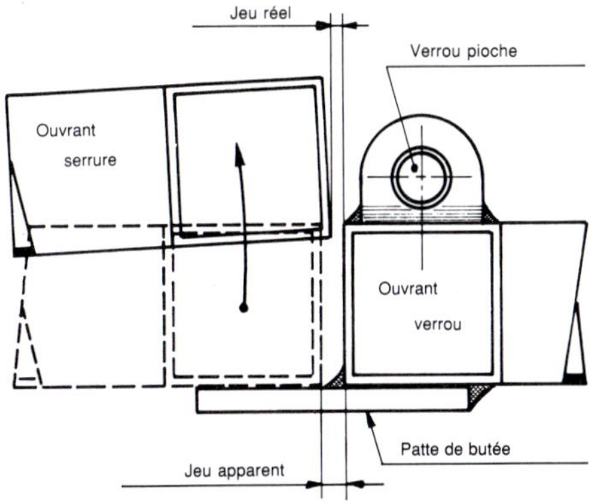

DETAIL DU JEU PILIER

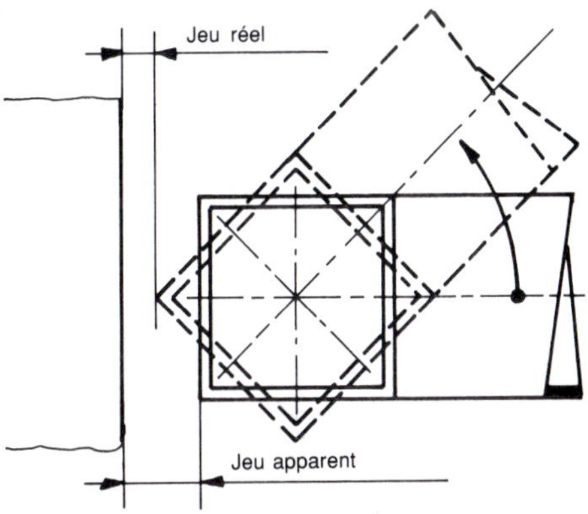

REGLE

La variation du jeu battant dépend essentiellement de la position de l'axe de rotation que l'on placera de préférence sur l'axe du portail. Par ailleurs, on vérifiera le fonctionnement en simulant une rotation sur la coupe horizontale.

❑ TRACAGE SUR BANDE DE LA COUPE VERTICALE

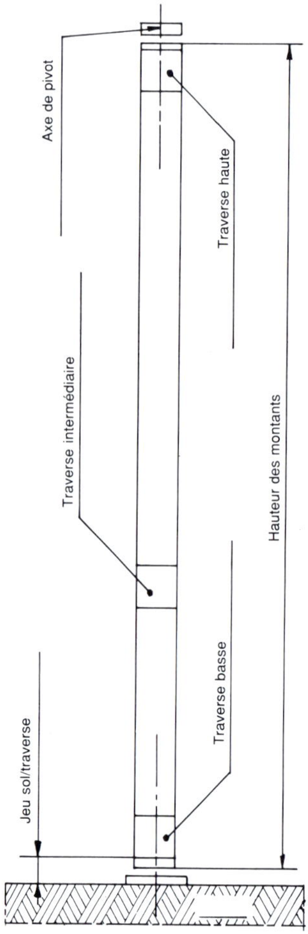

❑ LES MONTANTS PIVOTS

SYSTEME COLLIER ET PIVOT

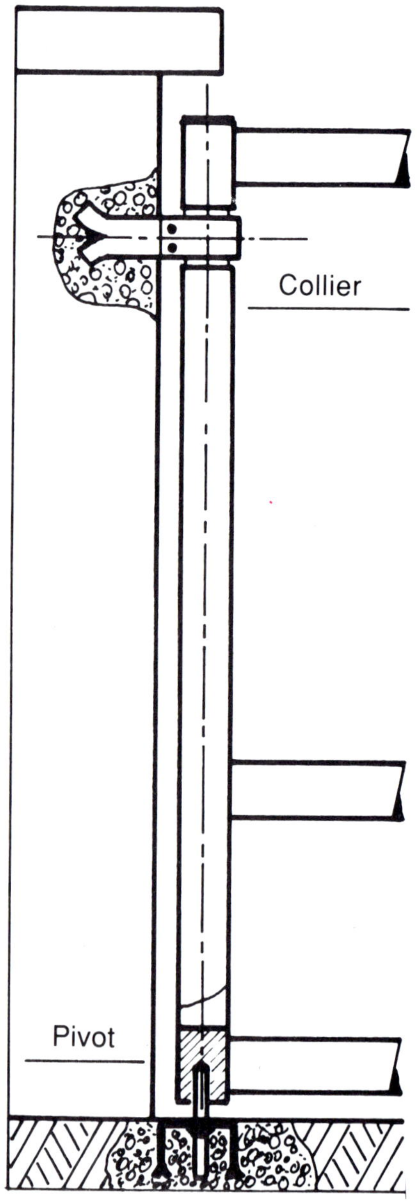

SYSTEME SUPERIEUR A PIVOT

Plus simple à réaliser que le système à collier, il convient pour des portails légers.

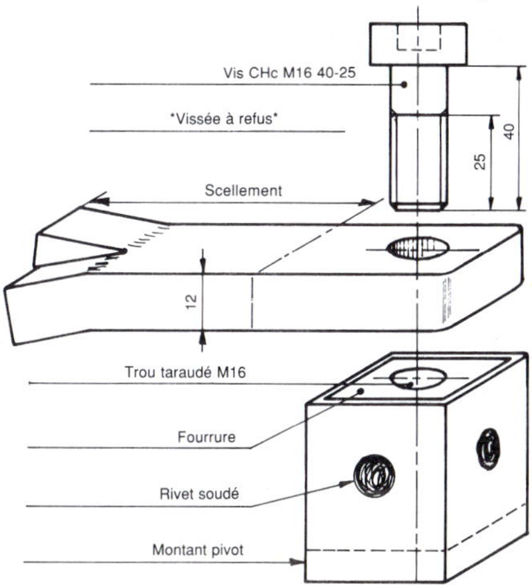

REMARQUE

Le choix de ce type de vis se justifie par la qualité de l'acier utilisé pour leur fabrication. Il s'agit là de la désignation normalisée, M16 étant le diamètre, 40 la longueur utile et 25 la longueur filetée.

DETAIL DU PIVOT

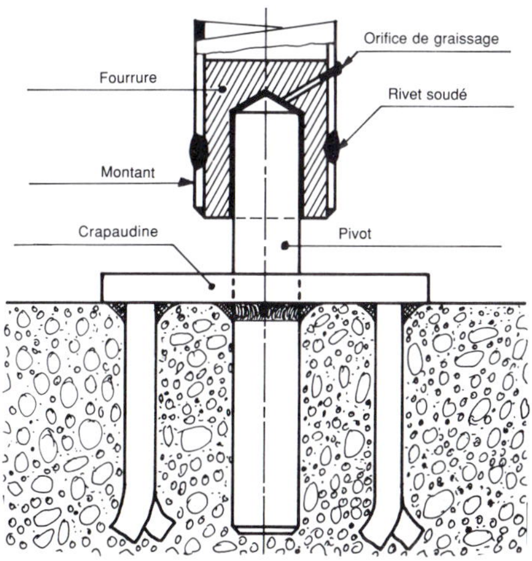

** Vissée à refus se dit d'une vis dont la partie filetée est entièrement engagée et où la fin du filet vient se bloquer dans le trou taraudé jusqu'à ce que la vis "refuse" de tourner. Celle-ci est ainsi immobilisée. Dans le cas présent, l'intervalle restant est de 15 mm.**

REGLE

Quel que soit le système utilisé, l'axe supérieur et l'axe inférieur doivent être parfaitement alignés.

Adaptation d'un nouveau portail sur un ancien gond resté scellé dans le pilastre.

On remarquera que le portail a été galvanisé.

On trouve en quincaillerie des gonds et des pentures destinés aux constructions en bois facilement adaptables aux portails métalliques et soudables selon les besoins.

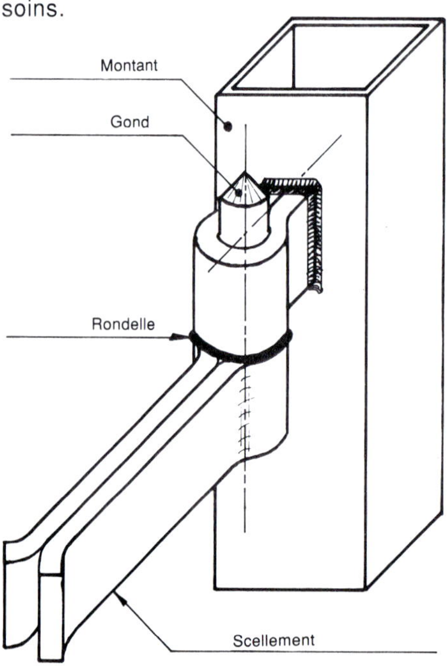

❑ LE BUTOIR

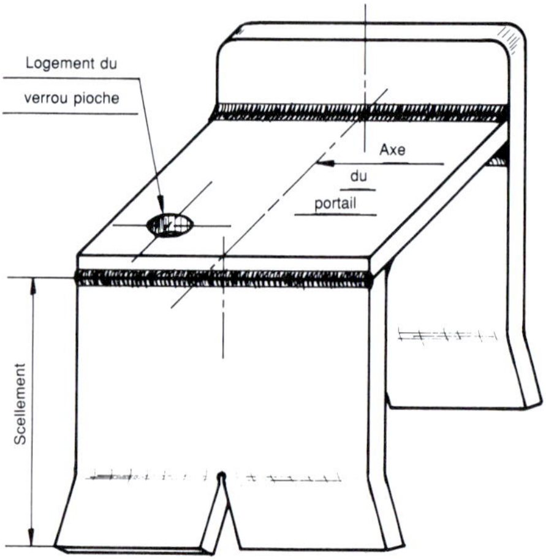

Sa fonction est de positionner les battants en position fermée et de permettre leur immobilisation grâce au verrou pioche.

LES MONTANTS BATTANTS

L'un porte le "verrou pioche" qui l'immobilise au sol par le butoir.

L'autre porte la serrure qui verrouille l'ensemble.

Montants battants : vue d'ensemble.

Détail en coupe des montants battants avec la mise en position des pattes de butée, du verrou pioche et de la patte de verrouillage.

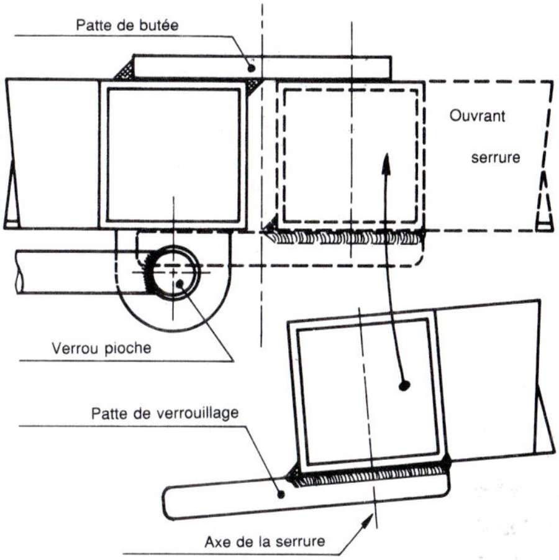

❑ LE VERROU PIOCHE

Seule l'ouverture du battant serrure permet le dégagement du verrou pioche.

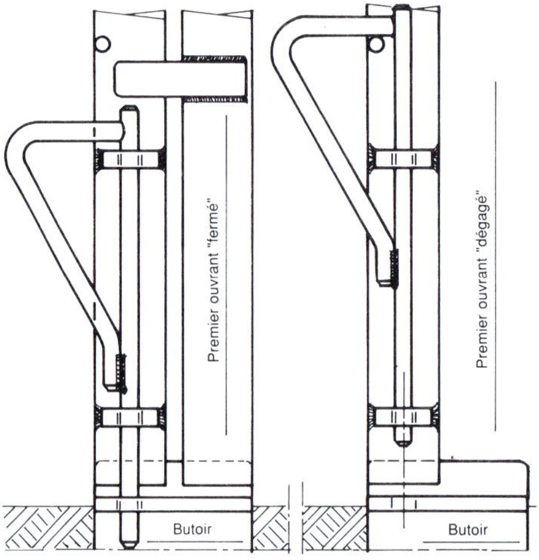

L'extraction puis l'accrochage du verrou pioche permettent l'ouverture du second battant.

TABLE DES MATIERES

Photos : S.A.E.P. / A. THIEBAUT et P. VANHAECKE.

Dépôt légal 3e trimestre 1988
n° 1 540

ISBN 2-7372-4007-7

Imprimé en C.E.E.